디자인 패턴 캐드

Pattern CAD for Apparel Design

YUKA System

Pattern CAD

for Apparel Design

디자인 패턴 캐드

박선경 · 김민정 · 정병규

(주)교 문 사

PREFACE

오늘날 의상·패션에 관련된 모든 현상들은 대중 매체를 통해 최고의 인기 있는 아이템으로 모두의 관심의 대상이 되었고 그 중심에는 줄곧 여성이라는 서두어가 오랫동안 자리를 지켰다. 그러나 최근에는 남성을 위한 패션이 대중의 중요 아이콘으로 급부상하고 있고 그 결과 남성복 시장의 규모 역시 성장도에 가속도가 붙고 있는 실정이다.

남성복 산업계의 수요 확장과 예견되는 시장성을 충족시켜 주기 위해서는 산업체에서 가장 긴급하게 요구되고 있는 CAD 시스템을 통해 이지 오더(easy-order) 체계로의 변화, 즉 기존의 수작업에서 컴퓨터를 도구로 이용하는 제작 시스템으로의 전환 및 체계화의 필연성은 누구도 이의를 제기할 수 없는 시점에 이르고 있다.

여기에 소비자의 개성화, 고급화의 취향을 더해 CAD 시스템의 테크닉을 수반으로 하는 능력 또한 절실히 요구되고 있다. '패션의 무한 경쟁시대'인 이 시점에서 패션 기술 분야의 남성복 제작 교육에 대한 책임감과 필요성을 통감하면서 이 책을 출간하게 되었다.

고도의 기술이 필요한 남성복 패턴 제작을 위해 패션업계에서나 학교 등 교육기관에서도 가장 보편화된 유까시스템(Yuka system)을 이용하여 손쉽게 남성복으로의 접근을 유도했고, 패턴 제작과정을 이해하고 또 디자인을 변형시켜 응용할 수 있도록 책 전체를 구성하였다.

Chapter 1에서는 유까시스템의 숙달을 위한 기술적인 부분을 서술하였고 Chapter 2에서는 남성복의 기본적 이해 및 원형 제작을 위한 동기를 부여하였다. Chapter 3에서 Chapter 7까지는 제작된 원형을 기초로 디자인된 남성복의 아이템으로 접근할 수 있도록 설명하였고 Chapter 8에서는 입력·시접·출력을, Chapter 9에서는 그레이딩을, Chapter 10에서는 마킹을 다루어 CAD 시스템으로 설계되어야 하는 남성복 어패럴의 전 분야를 자세히 서술하였다.

특별히 앞서 출판된 책《남성복 패턴디자인》에서 제시된 디자인의 아이템들을 적절하게 제시하여 2D 작업과 함께 CAD 작업을 통한 보다 폭넓은 이해도를 극대화하려고 노력하였다.

남성복 패턴 디자이너의 꿈을 지니고 있는 후학들이나 이미 패션 산업계에 진출하여 능력을 발휘하고 있는 패턴 실무자들에게 이 책이 깊이 있는 지식과 기술을 습득하는데 도움이 되는 지침서 역할을 수행하리라고 기대하고 있다.

마지막으로, 이 책이 출간되기까지 원고의 정리 작업을 꼼꼼히 되짚어준 장유경, 결혼식 전날까지 일러스트 작업을 열심히 도와준 금유경, 정리작업에 도움을 준 이다예, 김연홍, 이주영에게 감사를 전한다.

실무에서 10년 넘게 CAD 시스템을 다루어 실력을 인정받고 있는 신민례, 조승의, 이숙영 팀장님들의 세밀한 도움에 감사드린다. 또 출판을 맡아주신 교문사의 직원 여러분들, 특히 이진석 상무님께 감사를 드린다.

2014년 9월
저자 박선경

CONTENTS

패턴 제작

Pattern production

Work Screen

Kind of Cursor

How to Use a Mouse

Environment Setting

Size Setting

LAY

File Management

Function Key

Assistant Function Key

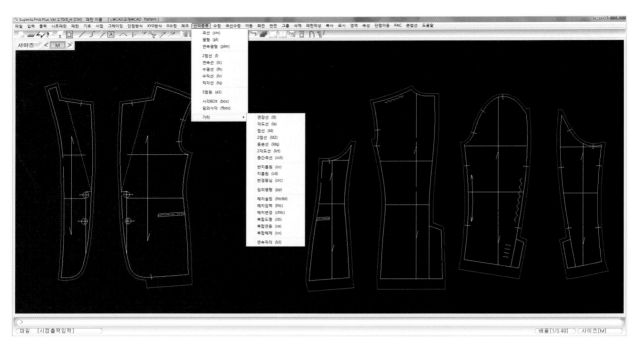

패턴 CAD 시스템은 수작업으로 제작되었던 패턴 제작, 그레이딩, 요척산출을 컴퓨터화하여 작업뿐만 아니라 관리까지 효율적이고 경제적으로 활용할 수 있는 시스템이다. 의류생산에서 작업시간의 단축은 물론, 정확하고 균일한 제품을 생산하여 품질 향상에 기여하고 있다.

패턴 제작
pattern production

CHAPTER

Work Screen

작업화면

바탕화면에 있는 를 더블클릭하여 작업화면을 실행시킨다.

메뉴

화면 상단에 나열되어 있는 29개의 「주메뉴」를 선택하면 「부메뉴」가 나타난다.
하위메뉴의 명령어를 선택하거나 괄호 안에 있는 「단축키」+ Enter 또는 「단축키」+ SPACE BAR 를 활용하여 명령어를 실행시킨다.
* 「Chapter 2」부터는 Enter 를 ↵ 로 표기한다.

아이콘

많이 사용하는 메뉴가 아이콘화되어 있어 편리하게 사용할 수 있다.
아이콘 위에 마우스를 놓으면 명령문 명칭이 나타난다.

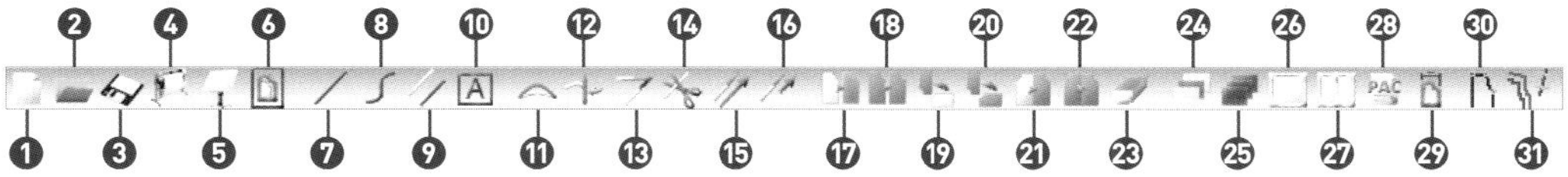

❶ 새 파일	❾ 평행	⓱ 2점 방향	㉕ 전 사이즈
❷ 파일 열기	❿ 영역문자	⓲ 복사2점방향	㉖ 1화면
❸ 저장	⓫ SS수정	⓳ 각도 지정	㉗ 2화면
❹ 출력	⓬ 편측수정	⓴ 복사각도 지정	㉘ PAC 실행
❺ 패턴 입력	⓭ 각결정	㉑ 선반전	㉙ 측정
❻ 영역시접	⓮ 선 자르기	㉒ 복사선반전	㉚ 끝점 표시
❼ 2점선	⓯ 선수정	㉓ 삭제	㉛ 시접확인 표시
❽ 곡선	⓰ 길이 수정	㉔ 지정 사이즈	

팝업메뉴

작업 중 오른쪽 마우스를 클릭하면
많이 사용하는 메뉴를 모아 놓은 「팝업메뉴」가 나타난다.
「팝업메뉴」를 불러오는 방법은 「환경설정」에서 설정할 수 있다.

끝점
임의점
교점
중점
선상점
비율점
부분확대
전체확대
전화면
부분확대
전체확대
전화면
실제크기
재표시
UNDO
SS수정
임의이동
삭제
거리측정
M-
각도측정
영역교차내
영역내
외곽확인
그룹화
레이지시
연속선
부분확대
전체확대
전화면
끝점
임의점
교점
중점
선상점
비율점

Kind of Cursor
커서의 종류

↖ 메뉴의 선택, 수치, 문자키를 입력한다.

◄► 요소의 끝점, 선상점, 교차점, 중간점, 비율점의 위치를 선택한다.

▼ 임의의 위치(영역 지정, 임의점), 디지타이저 사용 시 윈도로 지시한다.

How to use a Mouse
마우스 사용법

왼쪽 버튼

메뉴를 선택하거나, 요소(점, 선, 패턴 등)를 선택할 때 사용한다.
영역 (영역 내 F4, 영역교차 내 F5, 외곽 Z 등)을 선택할 때 사용한다.

휠

화면의 확대·축소기능이다.
(마우스의 위치를 기준으로 확대·축소됨)

오른쪽 버튼

요소의 선택을 완료하거나 메뉴를 취소할 때 사용한다.
팝업메뉴를 실행한다.

Environment Setting
환경 설정 [env]

작업화면의 환경을 설정한다.

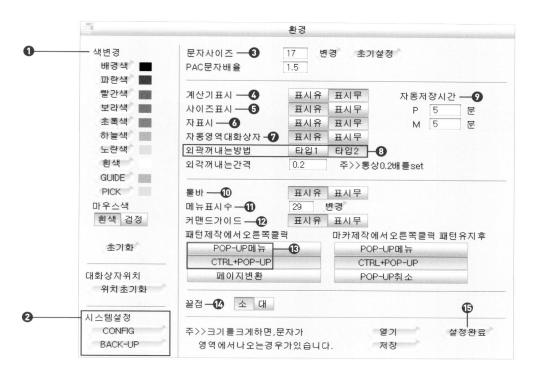

① **색변경**: 바탕화면 및 선의 색변경 기능

② **시스템 설정**

　　CONFIG: cm 또는 inch를 변환 기능　　BACK-UP: 백업 설정 기능

③ **문자 사이즈**: 메뉴의 문자 사이즈 변경 기능

④ **계산기 표시**: 계산기 표시 유무 선택 가능

⑤ **사이즈 표시**: 사이즈 표시 유무 선택 가능

⑥ **자 표시**: 자 표시 유무 선택 가능

⑦ **자동영역 대화상자**: 자동영역 대화상자 표시 유무 선택 가능

⑧ **외곽 꺼내는 방법**: 그레이딩된 패턴의 외곽을 선택할 경우

　　타입 1: 가장 큰 사이즈의 패턴만 선택 가능　　타입 2: 사이즈별 외곽이 각각 선택 가능

⑨ **자동저장 시간**: 작업한 화면이 설정한 시간에 따라 자동으로 저장 기능

⑩ **툴바**: 표시 유무 선택

⑪ **메뉴 표시 수**: 주메뉴의 표시 수 지정

⑫ **커멘트 가이드**: 메뉴에 있는 단축키 표시 유무 선택

⑬ **팝업메뉴**: 마우스 오른쪽을 클릭할 경우 표시 가능, Ctrl + 마우스 오른쪽을 클릭할 경우 표시 가능

⑭ **끝점**: 끝점의 크기 설정

⑮ **설정 완료**: 설정한 환경 실행 기능

Size Setting
사이즈 설정 [size]

기본 사이즈와 그레이딩 시 사이즈 범위를 설정한다.
30가지의 사이즈를 설정하여 저장할 수 있으며 시작과 종료 사이즈를 설정할 수 있다.

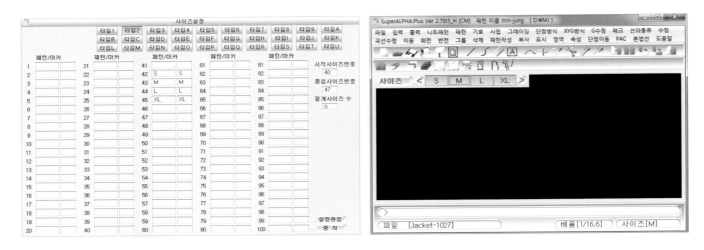

작업화면 표시

작업화면에 나열된 사이즈에서 빨간 박스 안에 있는 사이즈가 기본(마스터) 사이즈가 된다.
일반적으로 사이즈 설정에서 43번 위치에 기본 사이즈를 표기한다.

LAY
레이

작업화면은 여러 개의 사이즈별 레이(LAY)가 겹쳐진 화면이다.

화면에 표기된 사이즈에서 빨간 사각형 안에 표기된 사이즈가
작업하고 있는 레이(LAY)이며 다른 레이(LAY)들은 겹쳐 보인다.

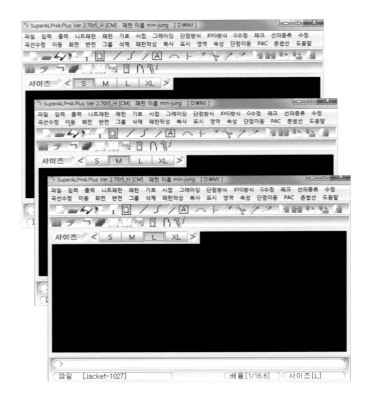

File Management
파일 관리

파일 열기 [call] 파일-파일-파일 열기

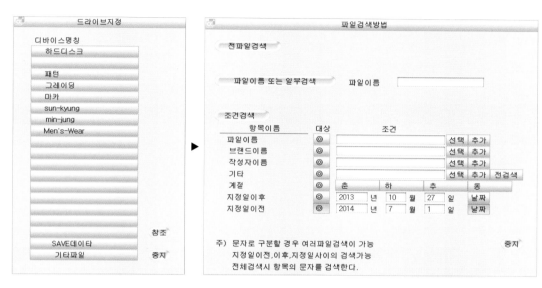

1 「드라이브 지정」 후 「파일검색」을 한다.
2 「조건검색」을 할 경우에는 「대상」에 체크한 후 검색한다.

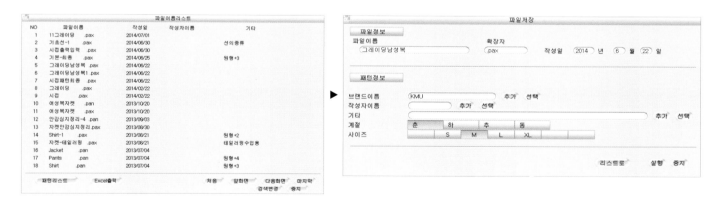

3 「파일이름리스트」에서 파일을 선택한 후 「파일 저장」에서 그대로 「실행」을 클릭한다.
4 왼쪽 아래에 있는 「패턴리스트」를 클릭하면 여러 개의 패턴 화면을 미리 볼 수 있다.

파일 저장 [save] `파일-파일-파일 저장`

1 「드라이브 지정」 후 파일 이름을 입력 후 클릭한다.
파일명은 한글, 영문, 숫자, '–'만 가능하며 다른 기호 사용은
불가능하다.

▼

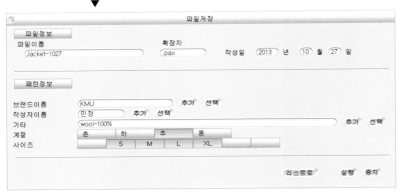

2 파일 저장: 패턴정보를 입력 후 실행을 클릭한다.
패턴파일 확장자명은 .pax 또는 .pan(구 버전)이다.

새 파일 [new] `파일-파일-새 파일`

새 파일 작성에서 확인을 클릭한다.

자동저장 열기 [acall] `파일-파일-자동저장 열기`

「환경설정」에서 「자동저장시간」을 설정하면 시간에 따라 5개까지
작업 파일이 자동으로 저장된다.

장치구분 [dev] `파일-장치구분`

많이 사용하는 폴더를 드라이브에 지정해둔다.

지정할 경우 번호에 체크한 후 참조를 통하여 폴더명을 찾을 수 있다.

입력 후 설정 완료를 클릭한다.

화면 변경

`파일-화면변경-1화면 [1q]`

`파일-화면변경-2화면 [2q]`

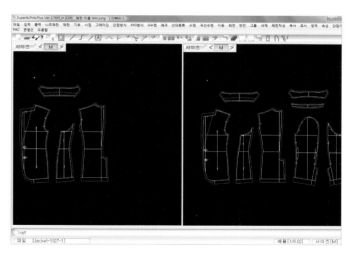

다른 파일에 있는 패턴을 복사해 올 때 2화면에서 파일을 불러올 수 있다.

이때 참조 열기[**ref**] 명령어를 입력한 후 오른쪽 화면을 클릭하여 파일을 열고 원하는 패턴을 복사해서 옮긴다.

Function Key
기능 키

명령문을 실행할 때에는 명령어 [단축키 + [Enter]] 입력한 후 점의 종류를 설정하여 실행한다.
점의 종류에는 6가지가 있으며 그 외 기능키의 활용법은 다음과 같다.

구분	F1	F2	F3	F4	F5
기능	끝점 ►◄	임의점 ▼	선상점 ►◄	영역 내 ▼	영역교차 내 ▼
Shift +	교차점 ►◄	중간점 ►◄	비율점 ►◄	자 표시	거리측정

끝점 [F1] ············· 실선의 끝점을 위치점으로 지정할 때 사용, 수치입력 가능
임의점 [F2] ············· 화면의 어느 곳이든지 임의로 위치점을 지정할 때 사용
선상점 [F3] ············· 선상 위에 위치점을 지정할 때 사용
교차점 [⇧Shift]+[F1] ············· 2개의 선의 교차점을 지정할 때 사용
중간점 [⇧Shift]+[F2] ············· 선의 길이 중앙에 위치점을 지정할 때 사용
비율점 [⇧Shift]+[F3] ············· 선의 길이를 등분한 위치에 위치점을 지정할 때 사용
　　　　　　　　　　　 1을 기준으로 1/2은 [0.5], 1/3은 [0.333], 1/4는 [0.25]로 수치입력 후 [Enter]

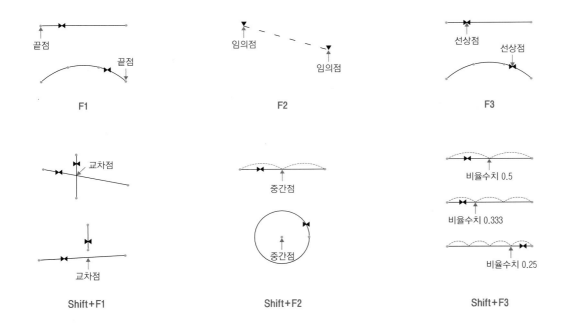

영역 내 [F4] ⸻ 선을 여러 개 지정할 때 마우스로 영역을 잡으면 영역 안에 있는 선을 한꺼번에 지정 가능
영역교차 내 [F5] ⸻ 선을 여러 개 지정할 때 마우스로 영역을 잡으면 영역에 걸쳐 있는 선은 모두 한꺼번에 지정 가능

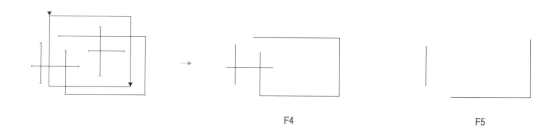

구분	F6	F7	F8	F9	F10
기능	부분확대	전체확대	표시1	표시2	표시3
Shift +	지정 사이즈	전체 사이즈	소거 사이즈	패턴 열기	실제 크기

부분확대 [F6] ⸻ 특정 부분을 확대하여 크게 보고 싶을 때 사용
전체확대 [F7] ⸻ 작업 도중 화면 전체 작업된 것을 모두 보고 싶을 때 사용
지정 사이즈 [⇧Shift]+[F6] ⸻ 그레이딩된 사이즈들을 지정해서 하나씩 불러보는 기능
전체 사이즈 [⇧Shift]+[F7] ⸻ 그레이딩된 전 사이즈를 불러오는 기능

      패턴 전 사이즈: 패턴의 전 사이즈만 화면에 표시 가능

      그레이딩 정보: 절개선, 절개값만 화면에 표시 가능

      전 사이즈: 패턴의 전 사이즈, 절개선, 절개값 모두 화면에 표시 가능

[⇧Shift]+[F8] ⸻ 그레이딩된 것들을 삭제할 경우, 삭제해서는 안되는 정보를 화면상에 소거시켜 보호 가능

      [Ctrl]+사이즈 클릭과 동일한 기능

파일 열기 [⇧Shift]+[F9] 파일을 호출하는 기능

Insert	Home	Page up	Delete	End	Page Down
재표시	선의 정보	화면축소	화면이동	전 삭제(undo)	화면확대

Space Bar	← (Backspace)	← ↑ → ↓
바로 전 메뉴 실행	지시한 요소 취소 기능	요소, 패턴 이동

Assistant Function Key

보조 기능키

임시저장 및 불러오기

임시저장 [sv]

작업 중 간편하게 임시로 저장하는 방법으로 숫자 입력만 가능하다.
임시로 저장한 파일은 별도로 지정한 폴더에 저장되며 같은 파일명으로 중복 저장하는 경우
별도의 확인없이 덮어쓰기 때문에 주의하여야 한다.

임시로 저장한
파일 불러오기 [lsv]

저장된 숫자를 입력하거나 「파일 열기」 후 「드라이브 지정」에서
「SAVE 데이터」로 확인하고 불러올 수 있다.

작업 중 전 단계로 돌아가기

작업취소, 전 단계 [u]

명령어를 실행한 후 되돌리고 싶은 단계까지 Enter 또는 Space Bar를 친다.

u 를 다시 되돌림 [uf]

명령어를 실행한 후 다시 되돌리고 싶은 단계까지 마우스 왼쪽을 클릭한다.

u 의 설정 여부 [uc]

명령어를 실행한 후 다시 되돌리고 싶은 단계까지 마우스 왼쪽을 클릭한다.

외곽 확인 및 외곽 설정 [z]
전 화면으로 되돌아가기 [v]

계산기 [Shift + Ctrl]

마우스를 활용하거나 키보드의 숫자 및 연산부호를 활용하여 수치를 계산할 수 있다.

더하기 ·············· +
빼기 ·············· −
곱하기 ·············· *
나누기 ·············· /

작업 중 초록색을 임시로 화면에서 숨기는 기능 [hff/ho]

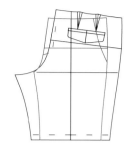

HFF
→

←
HO

선분의 길이 확인, 길이의 합, 길이의 차를 확인할 경우 [m−]

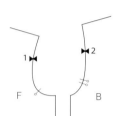
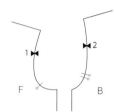
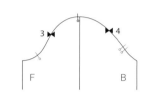

앞AH 길이 확인

제1의 선: 1▶◀👆
제2의 선: 👆(탈출)

앞AH · 뒤AH 길이의 합

제1의 선: 1▶◀, 2▶◀👆
제2의 선: 👆(탈출)

앞AH · 뒤AH과 소매산 곡선의 차

제1의 선: 1▶◀, 2▶◀👆
제2의 선: 3▶◀, 4▶◀👆

점과 점 사이의 높이, 폭, 간격을 확인할 경우 [ds]

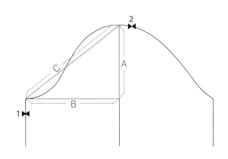

2점 지시: 1▶◀, 2▶◀
A = 높이
B = 폭
C = 간격

패턴 제작 명령어

Command menu

Lines
선의 종류

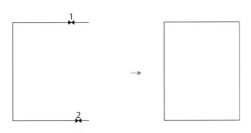

기준점이 있는 경우

2점선 [l]

선의 종류 – 2점선
2점을 기준으로 직선을 그린다.
점의 종류를 바꿔가며 활용한다.

→ 기준점이 있는 경우
  2점 지시: 1▶◀, 2▶◀

기준점이 없는 경우

→ 기준점이 없는 경우
  2점 지시: 임의점(F2) 3▼, 4▼

xy좌표값으로 직선을 그리는 경우

→ xy좌표값으로 직선을 그리는 경우
  2점 지시: 임의점(F2) 5▼, x10 y–10 ↵
  시작지점이 0좌표점이 된다.

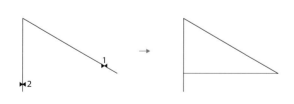

수평선 [lh]

선의 종류 – 수평선
처음 선택한 점을 기준으로 수평선을 그린다.

→ 2점 지시: 1▶◀, 2▶◀

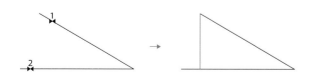

수직선 [lv]

선의 종류 – 수직선
처음 선택한 점을 기준으로 수직선을 그린다.

→ 2점 지시: 1▶◀, 2▶◀

직각선 [lq]

선의 종류 – 직각선

기준선을 중심으로 선의 길이와 방향을 지시하여 직각선을 그린다.

→ 기준선 지시: 1▸◂
  선의 길이: 10(수치)⏎
  시작점 지시: 1▸◂
  방향 지시: 2▾

평행 [pl]

선의 종류 – 평행

기준선을 지시한 후 방향과 간격을 입력하여 평행선을 그린다.

마이너스 수치: 반대방향

→ 평행 기준선: 1▸◂
  방향 지시: 2▾
  간격: 10⏎

연속선 [lc]

선의 종류 – 연속선

직선을 연속으로 그린다.

→ 시작점 지시: 1▾, 2▾, 3▾, 4▾

곡선 [crv]

선의 종류 – 곡선

점열을 연결하며 곡선을 그린다.

곡선의 점 개수: 최소 3점~최대 15점

→ 점열 지시: 1▾, 2▾, 3▾, 4▾, 5▾🖱

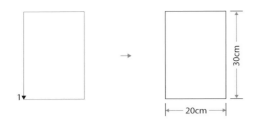

사각BOX [box]

선의 종류 – 사각BOX
원하는 크기의 사각형을 그린다.

→ 폭 입력: 20▶◀
　길이 입력: 30▶◀
　처음 위치: 1▼
　시작점 위치는 좌측 하단으로 한다.

연장선 [lt]

선의 종류 – 기타 – 연장선
시작점을 기준으로 새로운 선이 만들어진다.

→ 기준선 지시: 1▶◀
　선의 길이: 5⏎
　시작점 지시: 1▶◀
　방향: 2▼

2각도선 [lct]

선의 종류 – 기타 – 2각도선
2개 선의 중간 각도선을 그린다.

→ 제1요소 지시: 1▶◀
　제2요소 지시: 2▶◀

접선 [ld]

선의 종류 – 기타 – 접선
시작점과 선분 사이에 원하는 길이의 접선을 그린다.

→ 시작점 지시: 1▶◀
　접할 선 지시: 2▶◀
　선의 길이: 20⏎

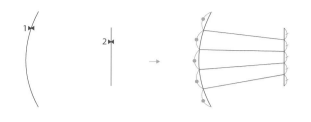

등분선 [ldq]

선의 종류 – 기타 – 등분선
2개의 선이나 곡선을 균일하게 등분한 선을 그린다.
등분할 면을 기준으로 수치를 입력한다.

→ 제1의 선: 1▶◀
　제2의 선: 2▶◀
　등분할 선의 수: 5↵

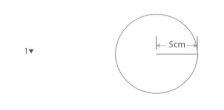

반경중심 [crc]

선의 종류 – 기타 – 반경중심
반지름 수치를 지정하여 원을 그린다.

→ 반지름 원의 값: 5↵
　중심점 지시: 임의점(F2) 1▼

Tip

원과 곡선의 차이

원: 중심점을 기준으로 하나의 점으로 원이 형성된다.
곡선: 3개 이상의 점이 연결되어 만들어진 둥근 선이다.

Delete
삭제

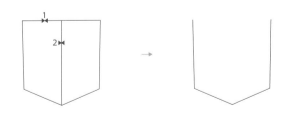

지정삭제 [d]

삭제 – 지정삭제
지시한 선을 삭제한다.
영역 내(F4), 영역교차 내(F5)를 활용하여 영역으로
선이나 패턴을 지시한다.

→ 삭제할 선 지시: 1▶◀, 2▶◀👆

Edit Line

수정

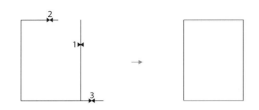

편측수정 [k]

수정 – 편측수정

수정할 선을 기준선까지 줄이거나 늘린다.

수정될 선에서 수정될 부분의 끝점 근처를 지시한다.

→ 기준선 지시: 1▶◀
　수정할 선 지시: 2▶◀, 3▶◀🖰

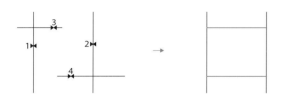

양측수정 [b]

수정 – 양측수정

2개 선을 기준으로 수정할 선을 줄이거나 늘린다.

→ 기준이 되는 2개의 선 지시: 1▶◀, 2▶◀
　수정할 선 지시: 3▶◀, 4▶◀🖰

중간수정 [j]

수정 – 중간수정

2개 이상의 짝수 기준선 사이의 선을 없앤다.

→ 기준선을 짝수로 지시: 1▶◀, 2▶◀, 3▶◀, 4▶◀🖰
　수정할 선 지시: 5▶◀, 6▶◀🖰

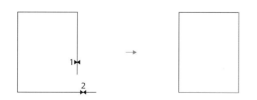

각결정 [km]

수정 – 각결정

2개 선의 단점을 연결하여 각을 만든다.

→ 만나는 2개 선: 1▶◀, 2▶◀

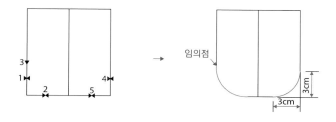

각수정 [fil]

수정 – 각수정

2개 선으로 된 각을 곡선으로 수정하여 그린다.

→ 임의점으로 곡의 시작점을 지정할 경우
    곡선이 될 2개의 선 지시: 1▶◀, 2▶◀
    시작점: 3▼
    설정 유무: y⏎
→ 곡의 시작점을 수치로 지정할 경우
    곡선이 될 2개의 선 지시: 4▶◀, 5▶◀
    시작점: 끝점(F1) 3⏎, 4▶◀
    설정 유무: y⏎

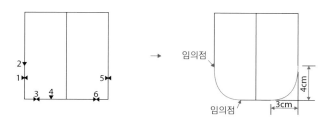

2각수정 [dfil]

수정 – 2각수정

각을 곡선으로 수정할 때 곡의 시작점을 다르게 할 경우

→ 임의점으로 곡의 시작점을 지정할 경우
    제1요소: 1▶◀   시작 위치: 2▼
    제2요소: 3▶◀   시작 위치: 4▼
    설정 유무: y⏎
→ 곡의 시작점을 수치로 지정할 경우
    제1요소: 5▶◀   시작 위치: 끝점(F1) 4⏎, 5▶◀
    제2요소: 6▶◀   시작 위치: 끝점(F1) 3⏎, 6▶◀
    설정 유무: y⏎

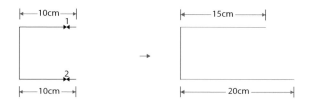

길이 조정 [n]

수정 – 길이 조정

원하는 수치만큼 길이를 늘이거나 줄인다.

→ 변경할 선의 수치: 5⏎
    선의 끝점 지시: 1▶◀, 2▶◀, 2▶◀🖐

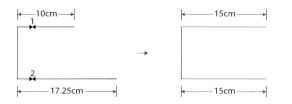

선수정 [cl]

수정 – 선수정

원하는 수치로 선의 길이가 수정된다.

→ 원하는 길이의 수치: 15⏎
    원하는 선 지시: 1▶◀, 2▶◀🖐

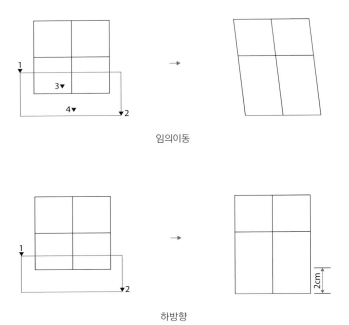

임의이동

하방향

단점이동

지시한 영역 안의 단점을 이동한다.
이동량 수치 입력 시 마이너스 수치를 주면 반대방향으로 이동한다.

임의이동 [e2]	수정 – 단점이동 – 임의이동
상방향 [eu]	수정 – 단점이동 – 상방향
하방향 [ed]	수정 – 단점이동 – 하방향
좌방향 [el]	수정 – 단점이동 – 좌방향
우방향 [er]	수정 – 단점이동 – 우방향

(1) 임의이동 [e2]
→ 임의의 2점으로 이동할 경우
　　이동할 영역을 지시: 1▼, 2▼
　　이동할 2점 지시: 3▼, 4▼

(2) 하방향 [ed]
→ 하방향으로 원하는 수치만큼 이동할 경우
　　이동할 영역을 지시: 1▼, 2▼
　　이동량: 2⏎

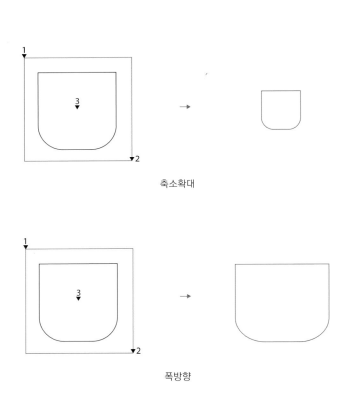

축소확대

폭방향

축소확대

지시한 영역 안의 요소들을 축소하거나 확대한다.

축소확대 [ex]	수정 – 축소확대 – 축소확대
폭방향 [exx]	수정 – 축소확대 – 폭방향
길이방향 [exy]	수정 – 축소확대 – 길이방향

(1) 축소확대 [ex]
→ 요소들을 축소할 경우
　　축소확대할 대상: 영역 내(F4) 1▼, 2▼🖑
　　패턴의 중심 지시: 3▼
　　축소확대할 비율 입력: 0.5⏎ **50% 축소**

(2) 폭방향 [exx]
→ 요소들을 폭방향으로 확대할 경우
　　축소확대할 대상: 영역 내(F4) 1▼, 2▼🖑
　　패턴의 중심 지시: 3▼
　　축소확대할 비율 입력: 1.2⏎ **20% 확대**
　　설정 유무: y⏎

Edit Curve
곡선수정

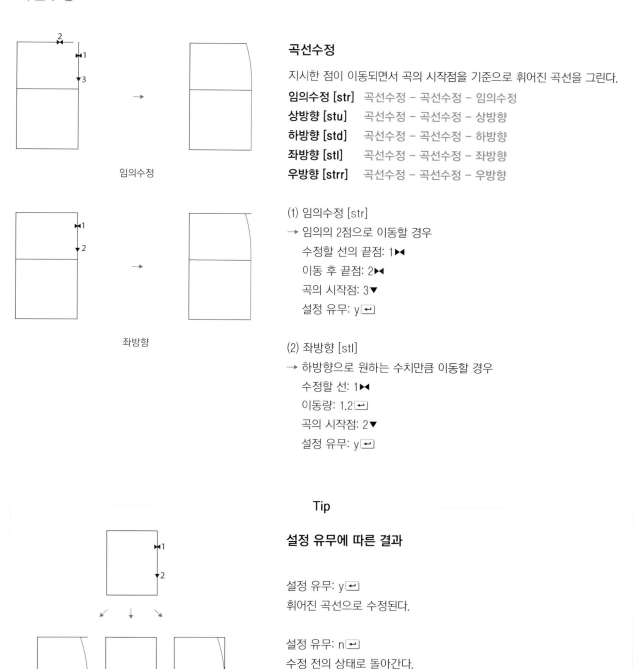

임의수정

좌방향

곡선수정

지시한 점이 이동되면서 곡의 시작점을 기준으로 휘어진 곡선을 그린다.

임의수정 [str]　곡선수정 – 곡선수정 – 임의수정
상방향 [stu]　곡선수정 – 곡선수정 – 상방향
하방향 [std]　곡선수정 – 곡선수정 – 하방향
좌방향 [stl]　곡선수정 – 곡선수정 – 좌방향
우방향 [strr]　곡선수정 – 곡선수정 – 우방향

(1) 임의수정 [str]
→ 임의의 2점으로 이동할 경우
　　수정할 선의 끝점: 1▶◀
　　이동 후 끝점: 2▶◀
　　곡의 시작점: 3▼
　　설정 유무: y↵

(2) 좌방향 [stl]
→ 하방향으로 원하는 수치만큼 이동할 경우
　　수정할 선: 1▶◀
　　이동량: 1.2↵
　　곡의 시작점: 2▼
　　설정 유무: y↵

Tip

설정 유무에 따른 결과

설정 유무: y↵
휘어진 곡선으로 수정된다.

설정 유무: n↵
수정 전의 상태로 돌아간다.

설정 유무: ↵ 또는 🖱 (그대로 탈출)
수정 전의 선과 수정 후의 휘어진 곡선이 함께 그려진다.

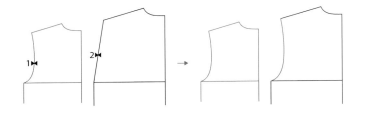

유사곡선 [sgc]

곡선수정 – 유사처리 – 유사곡선
기준선과 유사한 선으로 수정된다.

→ 기준선 지시: 1▶◀
　수정할 선 지시: 2▶◀🖱

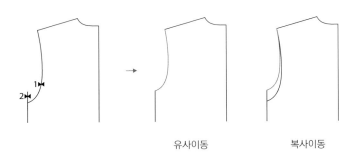

유사이동　　　　　복사이동

유사이동·복사이동 [sr/csr]

곡선수정 – 유사처리 – 유사이동
　　　　　　　　　　 – 복사이동
선의 형태는 그대로 유지하면서 선택한 끝점만 이동
또는 복사되면서 이동한다.

→ 대상 지시: 1▶◀🖱
　이동 후의 선 지시: 2▶◀

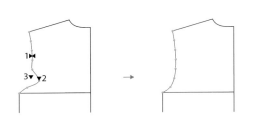

S수정 [s]

곡선수정 – S수정
곡선의 점열을 수정한다. 선택한 점만 이동한다.

→ 수정할 곡선 지시: 1▶◀
　이동할 점·새로운 점의 위치: 2▼, 3▼

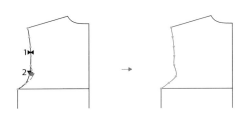

SS수정 [ss]

곡선수정 – SS수정
마우스 왼쪽을 클릭한 상태에서 이동하여 곡선의
점열을 수정한다.
선택한 점만 이동한다.

→ 수정할 곡선 지시: 1▶◀
　이동할 점 지시: 2▼(🖱 이동)

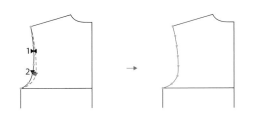

SA수정 [sa]

곡선수정 – SA수정
마우스 왼쪽을 클릭한 상태에서 이동하여 곡선의
점열을 수정한다.
선택한 점을 기준으로 선 전체가 이동한다.

→ 수정할 곡선 지시: 1▶◀
　이동할 점 지시: 2▼(🖱 이동)

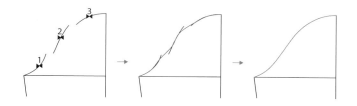

선 합치기 [rc]

곡선수정 – 선 합치기

분리된 선을 하나의 선으로 합치거나 곡선의 점열을
정리할 때, 직선을 곡선화시킬 때 사용한다.

→ 합칠 곡선 지시: 1▶◀, 2▶◀, 3▶◀👆
   선의 점수: 10↵
   설정 유무: s↵, 수정 후 👆

곡선자 [rm]

곡선수정 – 곡선자

곡선검색리스트에 저장되어 있는 곡선 및 암홀곡자·HIP곡자를 활용할 수 있다.

기본 저장: C:₩Wspa2.70r5FK_HWcrv

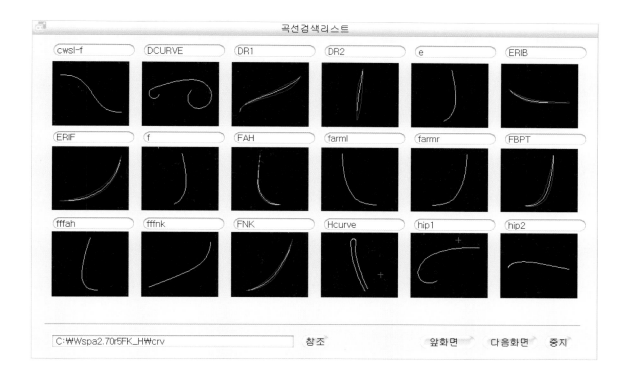

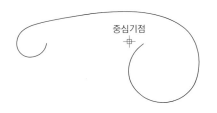

중심기점

곡선검색리스트 – DCURVE 🖱

곡자 회전: 마우스 왼쪽을 클릭한 상태에서 이동하며 회전시킨다.
확대·축소: 마우스 휠을 밀거나 당긴다.
팝업메뉴: 마우스 오른쪽을 클릭한다. 🖱

팝업메뉴

부분확대	곡선자 실행 시에는 화면이동이 불가하므로 부분확대 기능을 활용한다.
전체확대	곡선자 실행 시에는 화면이동이 불가하므로 전체확대 기능을 활용한다.
통과점 지시	곡선자를 배치할 때 통과할 점을 고정시킨다.
기점 변경	회전의 중심기점을 변경한다.
반전	곡선자를 반전시킨다.
곡선작성	곡선자를 활용하여 곡선을 작성한다.
곡선수정	곡선자에 맞춰 곡선을 수정한다. SS수정과 동일한 기능이다.
커맨드	커맨드 입력이 가능하다.
초기 상태	곡선자의 초기 상태로 되돌아간다.
다른 곡선	곡선검색리스트 화면이 나타난다.
종료	곡선자 활용을 종료한다.

부분확대
전체확대

통과점지시
기점변경
반전

곡선작성
곡선수정
커맨드

초기상태
다른곡선
종료

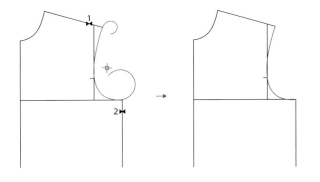

→ 곡선자[rm] – 곡선검색리스트 – DCURVE 🖱

마우스로 이동하세요: 마우스와 휠을 이용하여 원하는 위치에 놓는다.

팝업메뉴: 마우스 오른쪽 클릭 – 반전🖱
곡선작성: 🖱
설치할 2점 지시: 1▶◀, 2▶◀
이동할 점 지시: 곡선수정 🖱

Move & Rotate & Mirror
이동·회전·반전

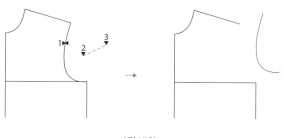

2점 방향

상방향

이동

선이나 패턴을 이동한다.

2점 방향 [mv] 이동 – 이동 – 2점 방향
상방향 [mvu] 이동 – 이동 – 상방향
하방향 [mvd] 이동 – 이동 – 하방향
좌방향 [mvl] 이동 – 이동 – 좌방향
우방향 [mvr] 이동 – 이동 – 우방향

(1) 2점 방향 [mv]
→ 임의의 2점으로 이동할 경우
　　이동할 선 지시: 1▶◀
　　이동 방향, 거리 지시: 2▼, 3▼

(2) 상방향 [mvu]
→ 상방향으로 원하는 수치만큼 이동할 경우
　　이동할 선 지시: 영역 내(F4) 1▼, 2▼👆
　　이동량: 3↵

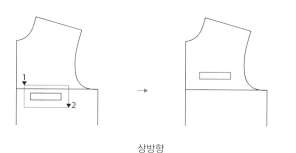

2점 방향

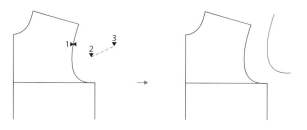

상방향

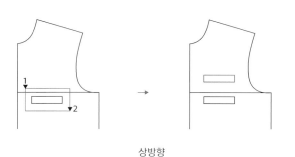

상방향

복사이동

선이나 패턴을 복사한 후 이동한다.

2점 방향 [cmv] 이동 – 복사이동 – 2점 방향
상방향 [cmvu] 이동 – 복사이동 – 상방향
하방향 [cmvd] 이동 – 복사이동 – 하방향
좌방향 [cmvl] 이동 – 복사이동 – 좌방향
우방향 [cmvr] 이동 – 복사이동 – 우방향

(1) 2점 방향 [cmv]
→ 임의의 2점으로 이동할 경우
　　이동할 선 지시: 1▶◀
　　이동 방향, 거리 지시: 2▼, 3▼

(2) 상방향 [cmvu]
→ 상방향으로 원하는 수치만큼 이동할 경우
　　이동할 선 지시: 영역 내(F4) 1▼, 2▼👆
　　이동량: 7↵

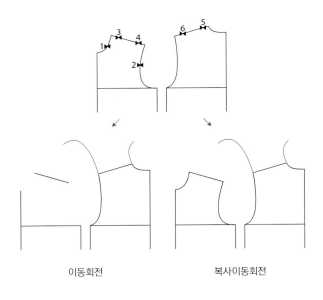

이동회전 · 복사이동회전 [mvrt/cmvrt]

이동 – 이동 – 이동회전
    – 복사이동 – 이동회전
2점을 기준으로 회전하여 이동한다.

→ 이동회전할 패턴 지시: 1►◄, 2►◄🖱
   이동 전 기준할 2점 지시: 3►◄, 4►◄
   이동 후 기준할 2점 지시: 5►◄, 6►◄

이동회전   복사이동회전

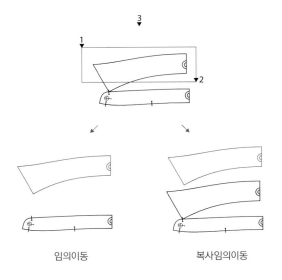

임의이동 · 복사임의이동 [dm/cdm]

이동 – 이동 – 임의이동
    – 복사이동 – 임의이동
이동할 패턴을 영역으로 설정하여 이동 또는 복사한 후 이동한다.

→ 이동할 패턴영역의 2점: 1▼, 2▼
   마우스 이동: 3▼

이동할 위치를 수치로 지정할 수 있다.

임의이동   복사임의이동

수정위치			
거리	가로	세로	수정
102	-12.8	-171.8	중지

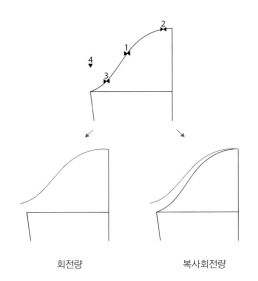

회전량 · 복사회전량 [re/cre]

회전 – 회전 – 회전량
    – 복사회전 – 회전량
회전중심점을 기준으로 이동할 점의 이동량만큼 회전한다.

→ 회전할 패턴 지시: 1►◄🖱
   회전할 중심 지시: 2►◄
   움직일 점 지시: 3►◄
   이동량: 2.5⏎
   방향: 4▼

회전량   복사회전량

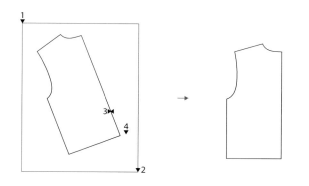

수직보정 [hv]

회전 – 보정 – 수직보정

지시한 선이나 패턴을 수직으로 보정한다.

→ 보정할 패턴 지시: 영역교차 내(F5) 1▼, 2▼⊕
　　기준선 지시: 3▶◄
　　이동 후 패턴위치 지시: 4▼

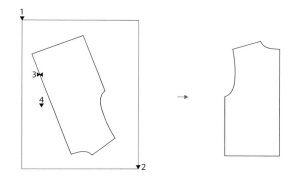

수평보정 [hh]

회전 – 보정 – 수평보정

지시한 선이나 패턴을 수평으로 보정한다.

→ 보정할 패턴 지시: 영역교차 내(F5) 1▼, 2▼⊕
　　기준선 지시: 3▶◄
　　이동 후 패턴위치 지시: 4▼

보정 [vy/cy]

회전 – 보정 – 보정

지시한 선이나 패턴을 수직으로 보정한다.
단, 기준선을 지시할 때 선택한 점이 수직 아래 방향으로 보정된다.

→ 보정할 패턴 지시: 영역교차 내(F5) 1▼, 2▼⊕
　　기준선 지시: 3▶◄
　　이동 후 패턴위치 지시: 4▼

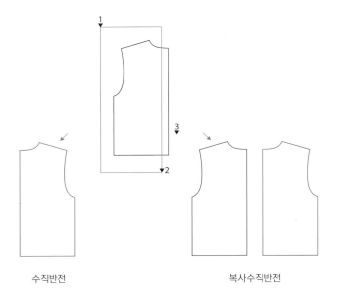

선반전

복사선반전

선반전·복사선반전 [ml/cml]

반전 – 반전 – 선반전

　　　 – 복사반전 – 선반전

지시한 선을 기준으로 반전 또는 복사한 후 반전한다.

→ 반전할 대상 지시: 영역교차 내(F5) 1▼, 2▼📍
　　반전의 기준선 지시: 3▶◀

수직반전·복사수직반전 [vm/cvm]

반전 – 반전 – 수직반전

　　　 – 복사반전 – 수직반전

지시한 점을 기준으로 반전 또는 복사한 후 반전한다.

→ 반전할 대상 지시: 영역교차 내(F5) 1▼, 2▼📍
　　반전의 기준선 지시: 3▶◀

수직반전

복사수직반전

수평반전·복사수평반전 [hm/chm]

반전 – 반전 – 수평반전

　　　 – 복사반전 – 수평반전

지시한 점을 기준으로 반전 또는 복사한 후 반전한다.

→ 반전할 대상 지시: 영역교차 내(F5) 1▼, 2▼📍
　　반전의 기준선 지시: 3▶◀

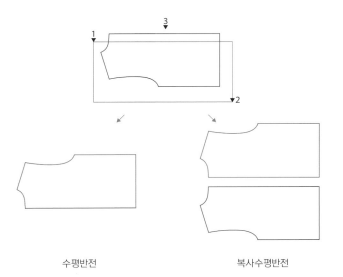

수평반전

복사수평반전

Pattern
패턴

외주름 [khda]

패턴 – 외주름

외주름을 만든다.

1~3매 작성: 주름 기준선 하나에 형성되는 주름 개수

상단절개량: 상단의 완성 시 주름분량

하단절개량: 하단의 완성 시 주름분량

사선유무: 주름 방향 표시 유무

개수: 사선 개수

개시위치: 첫 번째 사선 위치

간격: 사선 간의 간격

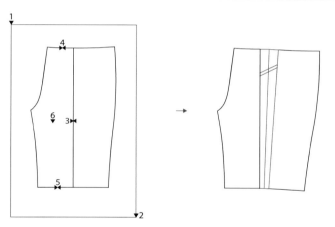

→ 영역을 대각으로 지시: 1▼, 2▼
　절개선 지시(고정측부터): 3▶◀🖱
　상단 기준선 지시(생략가능): 4▶◀🖱
　하단 기준선 지시(생략가능): 5▶◀🖱
　주름 방향 지시: 6▼

주름선이 1개일 경우
이동하지 않을 패턴측 지시: 6▼

맞주름 [bhda]

패턴 – 맞주름

맞주름을 만든다.

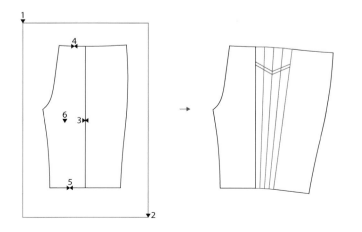

맞주름 설정 방법은 외주름과 동일하다.

→ 영역을 대각으로 지시: 1▼, 2▼
　절개선 지시(고정측부터): 3▶◀🖱
　상단 기준선 지시(생략가능): 4▶◀🖱
　하단 기준선 지시(생략가능): 5▶◀🖱

주름선이 1개일 경우
이동하지 않을 패턴측 지시: 6▼

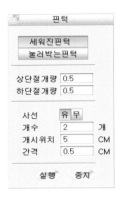

핀턱 [phda]

패턴 - 핀턱

핀턱을 만든다.

세워진 핀턱: 봉제방식이 세워진 핀턱일 경우
눌러 박는 핀턱: 봉제방식이 눌러 박는 핀턱일 경우

핀턱 설정 방법은 외주름과 동일하다.

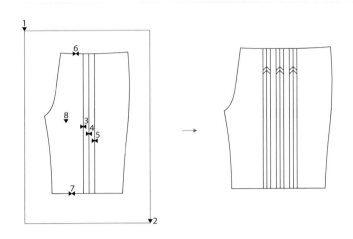

→ 영역을 대각으로 지시: 1▼, 2▼
　절개선 지시(고정측부터): 3▶◀, 4▶◀, 5▶◀⬦
　상단 기준선 지시(생략가능): 6▶◀⬦
　하단 기준선 지시(생략가능): 7▶◀⬦
　주름 방향 지시: 8▼

주름선이 1개일 경우
이동하지 않을 패턴측 지시: 8▼

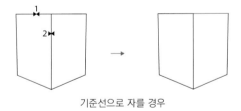

기준선으로 자를 경우

선 자르기 [c]

패턴 - 선 자르기

하나의 선을 선이나 단점으로 자른다.

→ 기준선으로 자를 경우
　자를 선 지시: 1▶◀⬦
　기준선 지시: 2▶◀

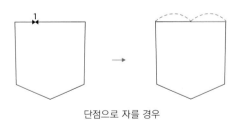

단점으로 자를 경우

→ 단점으로 자를 경우
　자를 선 지시: 1▶◀⬦
　기준선 지시: 중점(Shift+F2), 1▶◀

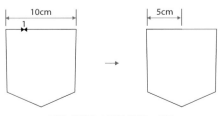

기준 위치를 수치로 정하는 경우

→ 자를 위치를 수치로 정하는 경우
　자를 선 지시: 1▶◀⬦
　기준선 지시: 끝점(F1), 수치 5 ↵, 1▶◀

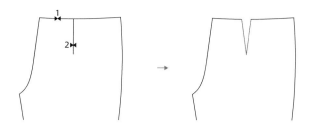

다트 [dart]

패턴 – 다트 – 다트

기준선을 중심으로 입력한 다트분량을 벌려준다.

→ 허리선 지시: 1▸◂
　　다트 중심선 지시: 2▸◂
　　다트량: 2.5↵

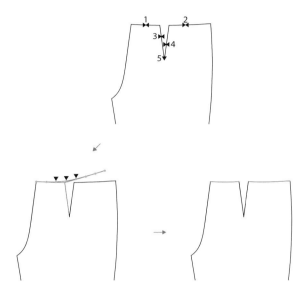

접어보기 [ta]

패턴 – 다트 – 접어보기

다트를 접은 후, 허리라인을 수정한다.

→ 접어볼 선 지시: 1▸◂, 2▸◂🖱
　　다트선 지시(2개씩): 6▸◂, 7▸◂🖱
　　다트 끝 위치: 5▼
　　곡선 만들 점수: 8↵
　　이동할 점: ▼점을 이동하며 수정🖱

확인 표시: 예🖱

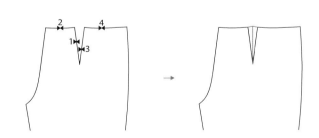

다트 접기 [dara]

패턴 – 다트 – 다트 접기

다트가 접히는 방향으로 다트산을 만든다.

→ 기준측 다트·허리선 지시: 1▸◂, 2▸◂🖱
　　상대측 다트·허리선 지시: 3▸◂, 4▸◂🖱

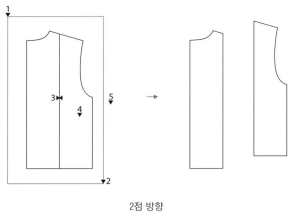

2점 방향

분할분리

패턴을 절개선 기준으로 분리한다.

2점 방향 [b2]   패턴 – 분할분리 – 2점 방향
상방향 [bu]   패턴 – 분할분리 – 상방향
하방향 [bd]   패턴 – 분할분리 – 하방향
좌방향 [bl]   패턴 – 분할분리 – 좌방향
우방향 [br]   패턴 – 분할분리 – 우방향

(1) 2점 방향 [b2]
→ 임의의 2점으로 패턴을 분할할 경우
   분할할 패턴 지시: 1▼, 2▼
   절개선 지시: 3►◄👆
   이동할 패턴측 지시: 4▼
   이동방향을 2점으로 지시: 4▼, 5▼

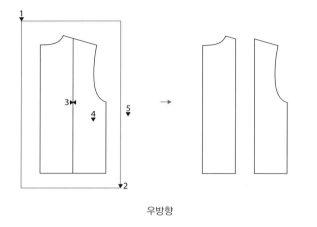

우방향

(2) 우방향 [br]
→ 우방향으로 원하는 수치만큼 분할할 경우
   분할할 패턴 지시: 1▼, 2▼
   절개선 지시: 3►◄👆
   이동량: 5↵

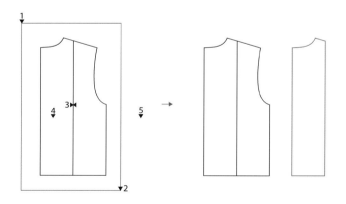

부속분리 [bx]

패턴 – 부속분리

패턴에서 부속만 복사하여 분리한다.

→ 분할할 패턴 지시: 1▼, 2▼
   절개선 지시: 3►◄👆
   이동할 패턴측 지시: 4▼
   이동방향을 2점으로 지시: 4▼, 5▼

Symbol
기호

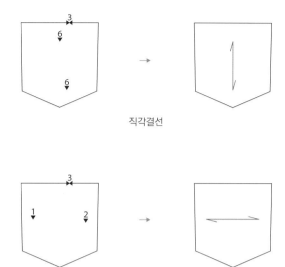

직각결선

평행결선

직각결선 · 평행결선 [qz/paz]

기호 – 1기호 – 직각결선
　　　　　　　 – 평행결선
기준선에 대하여 직각 · 평행의 원단결선을 그린다.

(1) 직각결선 [qz]
→ 기준선이 직각일 경우
　 시작 위치 지시: 1▼
　 종료 위치 지시: 2▼
　 기준선 지시: 3▶◀

(2) 평행결선 [paz]
→ 기준선이 평행일 경우
　 시작 위치 지시: 1▼
　 종료 위치 지시: 2▼
　 기준선 지시: 3▶◀

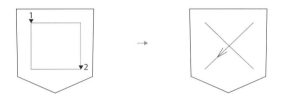

바이어스 · 역바이어스 [jn/jr]

기호 – 3기호 – 바이어스
　　　　　　　 – 역바이어스
바이어스 · 역바이어스 방향의 원단결선을 그린다.

→ 대각의 2점 지시: 1▼, 2▼
　 오른쪽 위에서 왼쪽 아래로 영역을 지시한다.

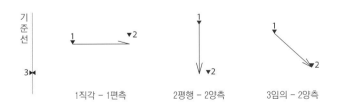

기준선

1직각 – 1편측　　　2평행 – 2양측　　　3임의 – 2양측

화살표 [arw]

기호 – 1기호 – 화살표
설정에 따른 화살표를 그린다.

→ 1은 직각, 2는 평행, 3은 임의: **기준선 선택**
　 편측은 1, 양측은 2를 입력: **화살표 모양 선택**
　 2점 지시: 1▼, 2▼
　 기준선 지시: 3▶◀

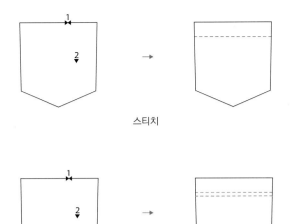

스티치

W스티치

스티치 · W스티치 [st/wst]

기호 – 1기호 – 스티치
　　　　　– W스티치

기준선에 대하여 한 줄 스티치선 또는 두 줄 스티치선을 그린다.

(1) 스티치 [st]
→ 대상선 지시: 1▸◂
　　방향 지시: 2▼
　　간격: 2.5↵

(2) W스티치 [wst]
→ 제1의 폭 수치 입력: 2.5↵
　　제2의 폭 수치 입력: 3↵
　　대상선 지시: 1▸◂
　　방향 지시: 2▼

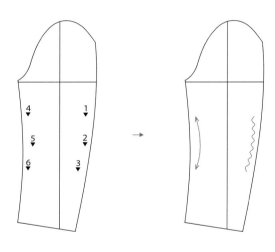

이세 표시 · 늘임 표시 [gaz/noba]

기호 – 1기호 – 이세 표시
　　　　– 3기호 – 늘임 표시

3점을 기준으로 이세 표시 또는 늘임 표시를 그린다.

(1) 이세 표시 [gaz]
→ 위치할 3점 지시: 1▼, 2▼, 3▼
　　크기의 수치 입력: 0.5↵

(2) 늘임 표시 [noba]
→ 위치할 3점 지시: 4▼, 5▼, 6▼

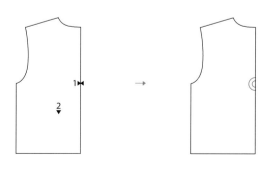

골 표시 [w/ww]

기호 – 1기호 – 골 표시

설정에 따른 화살표를 그린다.

→ 골 표시 크기: 2↵
　　중심선 지시: 1▸◂
　　방향 지시: 2▼

단추 [bt]

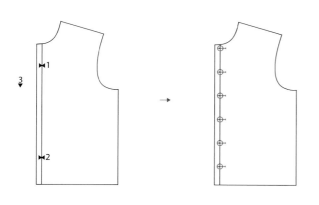

기호 - 2기호 - 단추
단추 및 단춧구멍을 작성한다.

단추·단춧구멍: 작성 유무
여유표시 유무: 단춧구멍만 작성할 경우
　　　　　　　　 단추 중심위치 표시 여부
가로, 세로, 45도: 단춧구멍 방향
단추지름: cm 기준
여유량: cm 기준
단추수: 작성할 단추의 수
불균등: 단추의 간격이 균일하지 않을 경우

→ 단추의 시작과 끝위치 지시: 끝점 수치 입력
　 1.5⏎, 1▸◂, 7⏎, 2▸◂☝
　 여유가 생길 방향: 3▼

구멍 표시 [hol]

기호 - 2기호 - 구멍 표시
플로터에서 커팅이 가능한 보라색으로 구멍을 작성한다.

→ 반지름 수치 입력: 0.2⏎
　 표시위치 지시: 끝점(F1) 1▸◂

DRILL홀 [dril]

기호 - 2기호 - DRILL홀
드릴홀을 작성한다.

→ 드릴홀의 크기 수치 입력: 0.5⏎
　 위치 지시: 임의점(F2) 1▼, 2▼

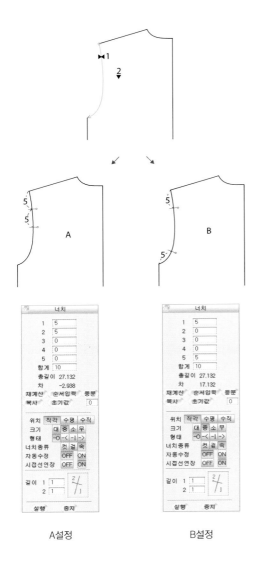

너치 [aij]

기호 – 2기호 – 너치
너치 표시를 작성한다.

→ 대상선을 시작측부터 차례로 지시: 1▸◂🖰
　"○"의 방향 지시: 2▼

A설정　　　　B설정

너치설정

1~5: 너치 위치 입력(cm 기준)
재계산: 너치 위치 입력 후, 재계산 클릭!
등분: 전체길이에서 입력한 등분 수로 균일하게 너치 작성
위치: 기준선에 대하여 너치의 각도
크기: 형태에 따른 모양의 크기
형태: 원, 삼각, 직각선, 역삼각의 너치 모양
길이: 1-기준선 바깥쪽 너치의 길이 입력
　　　 2-기준선 안쪽 너치의 길이 입력

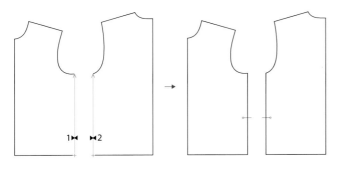

봉제너치 [ana]

기호 – 2기호 – 봉제너치
봉제될 2개의 선에 봉제너치를 작성한다.

→ 기준선을 지시 [순서대로]: 1▸◂🖰
　봉제될 선을 지시 [순서대로]: 2▸◂🖰

봉제너치 설정

대상 1: 기준선에 대하여 너치 위치 입력
대상 2: 봉제될 선에 대하여 너치 위치 입력
재계산: 너치 위치 입력 후, 재계산 클릭!
방향: 너치 형태의 방향
크기, 형태, 길이: 너치(aij)와 동일

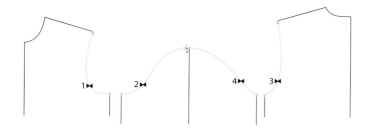

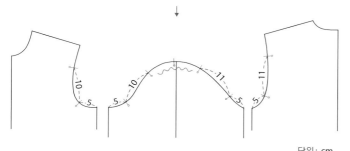

단위 : cm

자동너치 [ajs]

기호 – 2기호 – 자동너치
몸판 암홀과 소매산 암홀을 연동해서 너치를 작성한다.

→ 앞암홀 지시[순서대로]: 1►◄ 🖱
　앞소매산 지시[순서대로]: 2►◄ 🖱

→ 뒤암홀 지시[순서대로]: 3►◄ 🖱
　뒤소매산 지시[순서대로]: 4►◄ 🖱

자동너치

	총길이A	1	2	3	4	5	합계B	차<A-B>
앞소매	26.255	5	10	0	0	0	15	11.255
앞AH	25.455	5	10	0	0	0	15	10.455
이세량	0.8	0	0	0	0	0	0	0.8
뒤소매	27.426	5	11	1	0	0	17	10.426
뒤AH	26.226	5	11	1	0	0	17	9.226
이세량	1.2	0	0	0	0	0	0	1.2

위치 직각 수평 수직
앞중심 좌 우　크기 대 중 소 무 길이
형태 ─O─ < ─I─ > 1 1
너치종류 컷 길 속
자동수정 OFF ON
뒤중심 좌 우　시접선연장 OFF ON
등분 0 재계산
순서입력 초기값
실행 중지

자동너치 설정

앞소매: 앞소매산 암홀에 대하여 너치 위치 입력
앞AH: 앞몸판 암홀에 대하여 너치 위치 입력
이세량: 앞몸판 암홀과 앞소매산 암홀의 길이차

뒤소매: 뒤소매산 암홀에 대하여 너치 위치 입력
뒤AH: 뒤몸판 암홀에 대하여 너치 위치 입력
이세량: 앞몸판 암홀과 앞소매산 암홀의 길이차

앞·뒤중심 좌우 선택: 너치 형태의 방향
크기, 형태, 길이: 너치(aij)와 동일

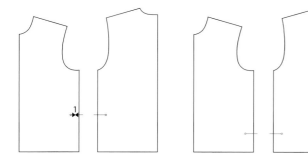

너치 수정 [ajm]

기호 – 2기호 – 너치 수정
너치, 봉제너치, 자동 너치의 기능으로 작성한 너치를 수정할 수 있다.
연동되어 있는 너치는 하나의 너치만 지시한다.

→ 봉제너치로 작성한 너치를 수정할 경우

　수정할 너치 지시: 1►◄ 🖱
　수치 변경 후 설정

너치화 [agn]

기호 – 2기호 – 너치화
디지타이저로 입력한 선을 너치로 설정한다.

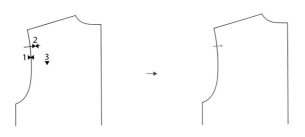

→ 대상요소를 지시[순서대로]: 1▶◀🖱
　너치를 순서대로 지시: 2▶◀🖱
　너치를 역순으로 지시: 🖱
　너치 설정창: 수정 후 설정
　너치의 원 생성방향 지시: 3▼

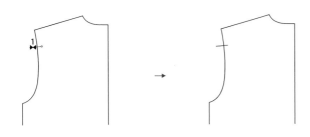

너치 해제 [ajpm]

기호 – 2기호 – 너치 해제
너치의 속성을 선으로 변경한다.

→ 해제할 너치를 지시: 1▶◀🖱

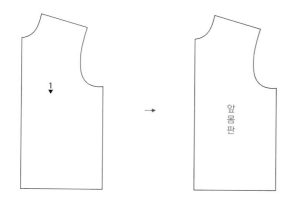

문자 입력 [t]

기호 – 문자 – 문자 입력
지정된 크기의 문자를 입력한다.

→ 문자 입력: 앞몸판⏎
　　놓여질 위치 지시: 1▼🖱

띄어쓰기: 작은따옴표 키 클릭
　　예) 앞 '몸판⏎

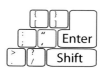

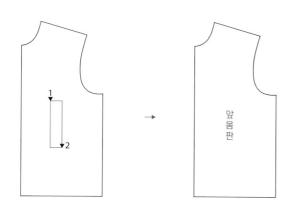

영역문자 [tb]

기호 – 문자 – 영역문자
문자를 입력한 후, 지정한 영역 안에 문자를 표시한다.

→ 문자 입력: 앞몸판⏎
　　놓여질 위치 지시: 1▼, 2▼

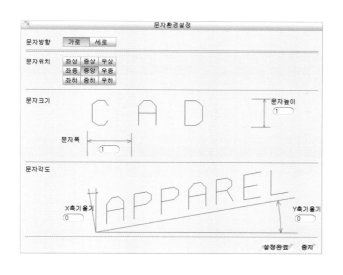

크기 설정 [tp]

기호 – 문자 – 크기 설정
문자 입력[t]의 크기를 설정한다.

문자 방향: 가로·세로 설정
문자 위치: 클릭한 위치를 기준으로 위치 설정
문자 크기: 문자높이·문자폭 설정
문자 각도: XY축 기울기 설정

수치 입력 시 단위: cm

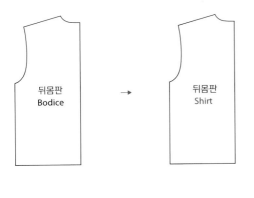

지정변경 [tr]

기호 – 문자 – 지정변경

화면상에 있는 변경할 문자를 새로운 문자로 변경한다.

→ 변경할 문자 입력: Bodice↵
　문자 입력: Shirt↵

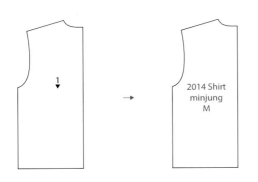

지시변경 [tm]

기호 – 문자 – 지시변경

선택한 문자만 새로운 문자로 변경한다.

→ 변경할 문자 지시: 1▶◀🖱
　문자 입력: 뒤몸판↵

자동문자 [ky]

기호 – 문자 – 자동문자

문자열을 최대 5개까지 입력한다.

→ 자동문자 파일명 입력: sh🖱

　　파일명은 8자까지 입력가능

마우스를 이동+Ctrl (+WH: 확대축소, +마우스 왼쪽: 회전, +WH 클릭: 90° 회전): 1▼🖱

Ctrl+WH: Ctrl 키를 누른 상태에서 휠을 밀거나 당기면 문자가 확대·축소된다.
Ctrl+마우스 왼쪽: Ctrl+🖱를 누른 상태에서 회전시킨다.
Ctrl+WH클릭: Ctrl 키를 누른 상태에서 휠을 클릭하면 90°로 회전한다.

문자 간격: 문자열과 문자열의 간격 입력
문자 위치: 문자열을 좌측 또는 중앙으로 배치
배치 방법 – 크기: 입력한 수치의 크기로 입력
영역: 2점 영역으로 입력
1~5 항목번호: 문자 입력 시 적색으로 표시
문자 크기: 문자 크기 입력
문자열: 문자 입력
　　'**&**'는 화면상의 사이즈 표기

등록문자 [mof]

기호 – 문자 – 등록문자

많이 사용하는 문자를 등록한다.

→ 문자 저장이름 입력: a⏎

번호: 문자 입력 시 적색으로 표시

배치문자: 문자 입력

방향: 세로·가로 선택

문자원점: 배치점 지시

Y/X: 높이/간격 입력

회수: 사용할 회수 입력

배치문자 [mol]

기호 – 문자 – 배치문자

등록문자[mof]에서 등록한 문자를 배치한다.

배치할 문자 🖱 후, 패턴에 문자 위치를 지시한다.

순서입력: 위에서부터 순서대로 한 번씩 배치한다.

배치하지 않은 문자가 있는 경우 마우스 오른쪽을 클릭한다.

→ 문자 저장이름 입력: a⏎

문자 위치 지시: 1▼🖱

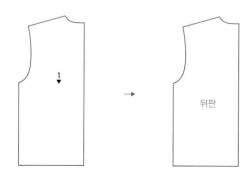

Property

속성

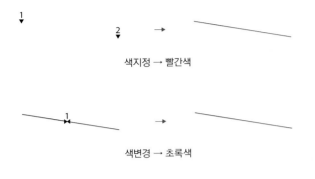

색지정 → 빨간색

색변경 → 초록색

색지정 · 색변경

색을 지정하거나 기존의 색을 변경한다.

파란색 [blue]	속성 – 색지정 – 파란색
[cblu]	– 색변경 – 파란색
빨간색 [red]	속성 – 색지정 – 빨간색
[cred]	– 색변경 – 빨간색
보라색 [purp]	속성 – 색지정 – 보라색
[cpur]	– 색변경 – 보라색
초록색 [gree]	속성 – 색지정 – 초록색
[cgre]	– 색변경 – 초록색
하늘색 [mizu]	속성 – 색지정 – 하늘색
[cmiz]	– 색변경 – 하늘색
노란색 [yell]	속성 – 색지정 – 노란색
[cyel]	– 색변경 – 노란색
흰 색 [whit]	속성 – 색지정 – 흰색
[cwhi]	– 색변경 – 흰색

→ 색지정 – 빨간색 [red] 설정한 후, 2점선 [l]
　2점 지시: 임의점(F2) 1▼, 2▼

→ 색변경 – 초록색 [cgre] 설정 후
　변경할 선 지시: 1▶◀👆

선변경 → 점선

선지정 · 선변경

선을 지정하거나 기존의 선을 변경한다.

실선 [soil]	속성 – 선지정 – 실선
[csol]	– 선변경 – 실선
점선 [dash]	속성 – 선지정 – 점선
[cdas]	– 선변경 – 점선
1점파선 [ds1]	속성 – 선지정 – 1점파선
[cds1]	– 선변경 – 1점파선
2점파선 [ds2]	속성 – 선지정 – 2점파선
[cds2]	– 선변경 – 2점파선

→ 선변경 – 점선 [cdas] 설정한 후
　변경할 선 지시: 1▶◀👆

Area

영역

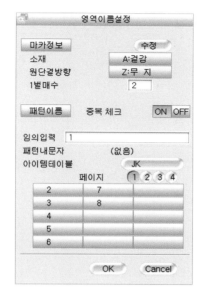

수동영역 [ps]

영역 – 영역이름 – 수동영역
지정하는 순서에 따라 수동으로 영역을 설정한다.

마카정보
소재 – [수정]에서 소재설정
원단결방향 – X: 한방향, Y: 양방향, Z: 무지
1벌 매수 – 벌수 수치입력

패턴이름
임의입력 – 순번 대신 입력한 이름이 표기된다.
패턴 내 문자 – 패턴 내에 입력된 문자가 표시된다.

앞판: A2Z

→ 영역의 2점을 지시: 1▼, 2▼
마카정보 설정 후 실행

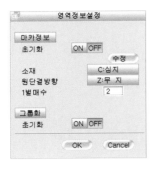

자동영역 [agr]

영역 – 자동영역

크기 순서대로 자동으로 영역을 설정한다.

초기화 – ON: 화면 내의 패턴이 동일한 마카정보로 설정된다.
          – OFF: 화면 내의 패턴이 순번에 따라 설정된다.

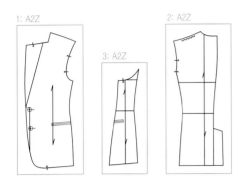

→ 마카정보 설정 후 실행

순서입력 [gn]

영역 – 영역이름 – 순서입력

자동영역 – 초기화 – OFF로 설정한 경우 영역 번호 순서대로
마킹정보를 설정한다.

→ 〈영역이름 설정〉 참조

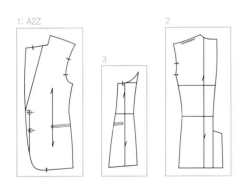

영역삭제 – 전체 [asd], 지정 [add]

영역 – 영역삭제 – 전체
              – 지정

설정된 영역을 전체 또는 지정하여 삭제한다.

지정하여 삭제할 경우 영역 안을 클릭하면 삭제된다.

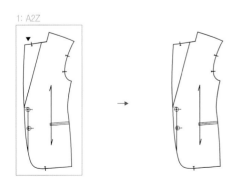

Check
체크

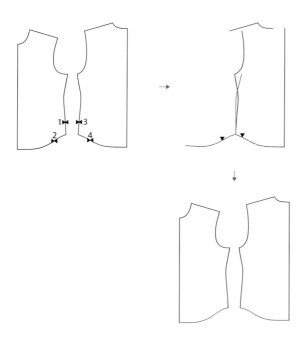

각확인 [ac]

체크 - 각확인

합복될 패턴의 각을 수정한다.

→ 이동측 기준선: 1▶◀, 2▶◀🖱
　상대측 기준선: 3▶◀, 4▶◀🖱
　곡선수정 시 점수(3-15): 13↵
　이동할 점을 지시: ▼🖱

상태 체크 [jchk]

체크 - 상태 체크

중복, 간격, 너치, 시접의 정보를 표시한다.

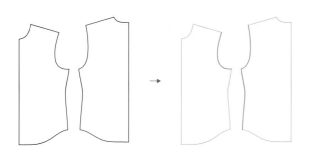

겹침확인 [cdup]

겹침선은 빨간색으로 그 외의 선은 하늘색 선으로 표시된다.
단 겹침선의 개수는 알 수 없다.

오른쪽 마우스를 클릭하면 초기화된다.

디자인 패턴-팬츠

Design pattern pants

팬츠 원형 Pants Sloper

제도에 필요한 치수

필요 항목	인체 참고 치수
키(Stature)	175cm
허리둘레(Waist Circumference)	82cm
배꼽수준허리둘레(Waist Circumference, Omphalion)=W*	84cm
엉덩이둘레(Hip Circumference)=H	96cm
밑위길이(엉덩이수직길이, Crotch Depth)	26cm
바지길이(Pants Length)	105cm

패턴 제도 시 배꼽수준허리둘레는 W*, 엉덩이둘레는 H를 약자로 사용한다.

계산 치수

계산 항목	계산 치수
앞배꼽수준허리둘레 여유분	1/4배꼽수준허리둘레+0.5cm(여유분)
뒤배꼽수준허리둘레 여유분	1/4배꼽수준허리둘레+0.5cm(여유분)
앞엉덩이둘레 여유분	1/4엉덩이둘레+0.5cm(여유분)−1.5cm(앞뒤차)
뒤엉덩이둘레 여유분	1/4엉덩이둘레+0.5cm(여유분)+1.5cm(앞뒤차)
바짓부리	44cm

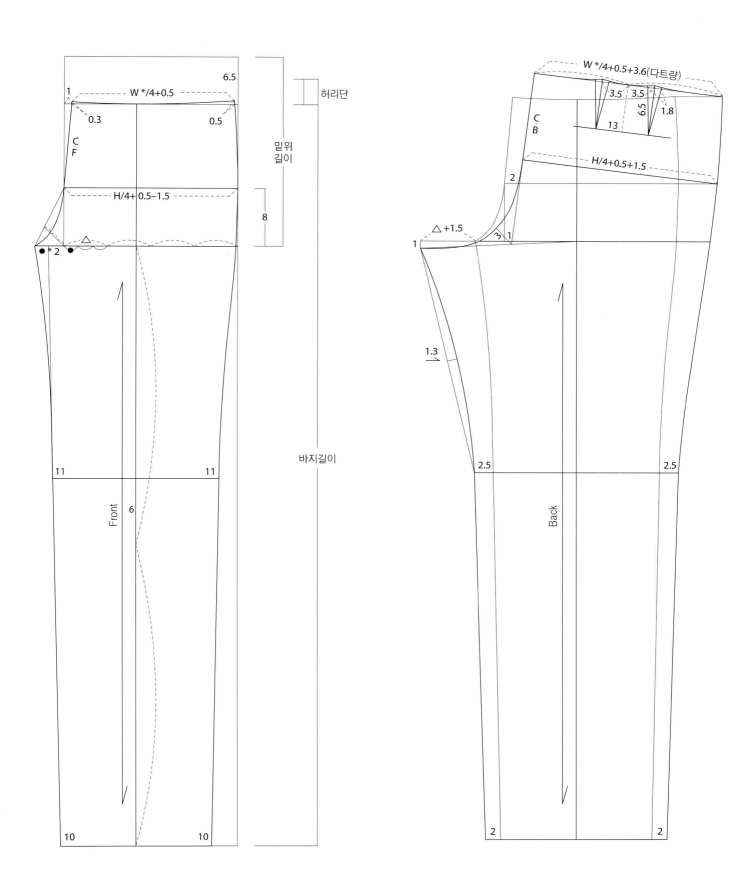

Scale 1/5

3.5

여밈분
3.5

C
F

C
B

W */4+0.5

W */4+0.5

6.5

1

W */4+0.5

0.3

0.5

허리단

C
F

밑위
길이

H/4+ 0.5−1.5

8

△

● * 2 ●

바지길이

11

11

Front

6

10

10

W */4+0.5+3.6(다트량)

3.5 3.5

6.5 1.8

13

C
B

2

H/4+0.5+1.5

△ +1.5

3 1

1

1.3

2.5

2.5

Back

2

2

Front Drawing
앞판 그리기

기초선(배꼽수준허리선, 밑위기준선, 힙선) 그리기

선의 종류 – 사각BOX [box]
폭: 23↵   길이: 108↵
처음 위치 1▼ (시작점 위치는 좌측 하단)

폭: 엉덩이둘레/4+0.5cm 여유량−1.5cm 앞뒤차
길이: 바지 길이+3cm

선의 종류 – 평행 [pl]
평행 기준선: 2▶◀
방향: 3▼   간격: 6.5↵
평행 기준선: 26↵ (간격 변경) 2▶◀
방향: 3▼
평행 기준선: 8↵ (간격 변경) 4▶◀
방향: 5▼
수정 – 편측수정 [k]
기준선: 6▶◀   수정할 선: 7▶◀, 8▶◀🖱
삭제 – 지정삭제 [d]
기준선: 2▶◀🖱

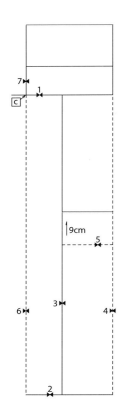

앞샅폭, 바지접힘선, 무릎선 그리기

수정 – 길이 조정 [n]
변경할 선의 수치: 3.833↵
선의 끝점: 1▶◀🖱

앞샅폭: (엉덩이둘레/4+0.5cm−1.5cm)/4×2/3

선의 종류 – 수직선 [lv]
2점 지시: 중점(Shift+F2) 1▶◀, 2▶◀
선의 종류 – 수평선 [lh]
2점 지시: 중점(Shift+F2) 3▶◀, 4▶◀
이동 – 이동 – 상방향 [mvu]
이동할 선: 5▶◀🖱   이동량: 9↵
수정 – 편측수정 [k]
기준선: 1▶◀   수정할 선: 6▶◀, 4▶◀🖱
수정 – 선 자르기 [c]
자를 선: 1▶◀🖱   기준선: 7▶◀

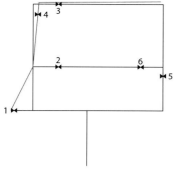

밑위곡선과 허리선을 그리기 위한 보조선 그리기

선의 종류 – 2점선 [I]

2점 지시: 1▶◀, 2▶◀

2점 지시: 2▶◀, 끝점수치 1[↵], 3▶◀

수정 – 길이 조정 [n]

변경할 선의 수치: 0.3[↵]   선의 끝점: 4▶◀🖱

선의 종류 – 2점선 [I]

2점 지시: 4▶◀, x21.5 y0.2[↵]

허리선: 배꼽수준허리둘레/4+0.5cm 여유량

수정 – 선 자르기 [c]

자를 선: 5▶◀🖱   기준선: 6▶◀

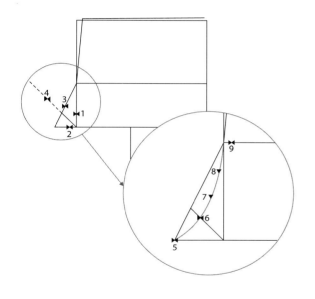

앞샅솔기 그리기

선의 종류 – 기타 – 2각도선 [lct]

제1요소: 1▶◀,   제2요소: 2▶◀

수정 – 편측수정 [k]

기준선: 3▶◀   수정할 선: 4▶◀🖱

선의 종류 – 곡선 [crv]

점열 지시: 끝점(F1) 5▶◀

비율점(Shift+F3) 수치 0.3[↵] 6▶◀, 수치 0[↵]

임의점(F2) 7▼, 8▼   끝점(F1) 9▶◀🖱

삭제 – 지정삭제 [d]

보조선 삭제

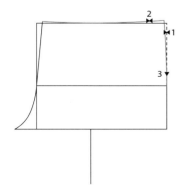

옆선과 허리선 그리기

곡선수정 – 곡선수정 – 임의수정 [str]

수정할 선의 끝점: 1▶◀   이동 후 끝점: 2▶◀

곡의 시작점: 3▼   설정 유무: y[↵]

곡선수정 – 선 합치기 [rc]

합칠 곡선 지시: 2▶◀🖱

선의 점수: 6[↵]   설정 유무: y[↵]

곡선수정 – SS수정 [ss]

수정할 곡선 지시: 2▶◀

이동할 점: ▼🖱[↵] (그림과 같이 앞중심선과 옆선에
　　　　직각이 되도록 선수정), 🖱

삭제 – 지정삭제 [d]

보조선 삭제

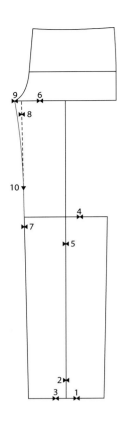

밑단과 안솔기선 그리기

수정 - 선 자르기 [c]

자를 선: 1▶🖱   기준선: 2▶◀

수정 - 선수정 [cl]

원하는 길이의 수치: 10⏎

원하는 선: 1▶◀ 3▶🖱

원하는 길이의 수치: 11⏎

원하는 선: 4▶🖱

반전 - 복사반전 - 선반전 [cml]

반전할 대상: 4▶🖱   기준선: 5▶◀

선의 종류 - 2점선 [l]

밑단선과 무릎선 연결

수정 - 편측수정 [k]

기준선: 6▶◀   수정할 선: 7▶🖱

수정 - 선 자르기 [c]

자를 선: 7▶🖱   기준선: 4▶◀

곡선수정 - 곡선수정 - 임의수정 [str]

수정할 선의 끝점: 8▶◀   이동 후 끝점: 9▶◀

곡의 시작점: 10▼   설정 유무: y⏎

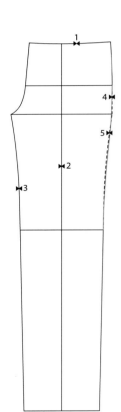

옆솔기선 그리기와 선 정리하기

수정 - 편측수정 [k]

기준선: 1▶◀

수정할 선: 2▶🖱

반전 - 복사반전 - 선반전 [cml]

반전할 대상: 3▶🖱

기준선: 2▶◀

곡선수정 - 선 합치기 [rc]

합칠 곡선 지시: 4▶◀, 5▶🖱

선의 점수: 8⏎

설정 유무·수정: s⏎, 곡선수정 후 🖱

Back Drawing
뒤판 그리기

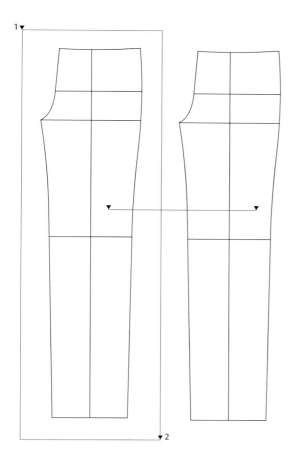

앞판 복사하기

이동 – 복사이동 – 임의이동 [cdm]

이동할 패턴영역 1▼, 2▼

마우스 이동

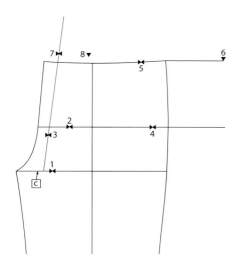

뒤판 중심선 및 보조선 그리기

선의 종류 – 2점선 [l]

2점 지시: 끝점수치 1↵, 1↵, 끝점수치 2↵, 2▶◀

수정 – 길이 조정 [n]

변경할 선의 수치: 20↵ (임의의 연장선 길이)

선의 끝점: 3▶◀👆

변경할 선의 수치: 10↵ (임의의 연장선 길이)

선의 끝점: 4▶◀👆

선의 종류 – 수평선 [lh]

2점 지시: 5▶◀, 임의점(F2) 6▼

선의 종류 – 직각선 [lq]

기준선: 7▶◀   선의 길이: 26↵

시작점: 7▶◀   방향: 8▼

* 힙선: 엉덩이둘레/4+0.5cm 여유량+1.5cm 앞뒤차

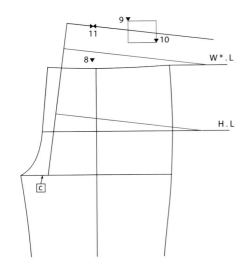

뒤판 힙선 및 허리선 그리기

이동 – 복사이동 – 임의이동 [cdm]

이동할 패턴영역 9▼, 10▼

마우스 이동: 뒤중심선과 앞힙선에 접하는 위치(뒤엉덩이둘레선)

수정 – 선수정 [cl]

원하는 길이의 수치: 25.1↵

원하는 선: 11▶◐

* 허리선: 배꼽수준허리둘레/4+0.5cm 여유량+3.6cm 다트량

이동 – 이동 – 임의이동 [dm]

이동할 패턴영역 9▼, 10▼

마우스 이동: 뒤중심선과 앞허리연장선에 접하는 위치(뒤허리선)

선 정리, 뒤샅솔기 그리기

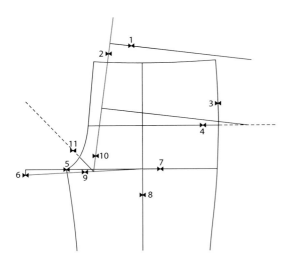

삭제 – 지정삭제 [d]

보조선 삭제

수정 – 편측수정 [k]

기준선: 1▶◀   수정할 선: 2▶◐

기준선: 3▶◀   수정할 선: 4▶◐

선의 종류 – 연속선 [lc]

시작점: 끝점(F1) 5▶◀, x-7.25↵, y-1↵◐

* 뒤샅폭: (엉덩이둘레/4+0.5cm-1.5cm)/4+1.5cm

선의 종류 – 2점선 [l]

2점 지시: 6▶◀, 교점(Shift+F1) 7▶◀, 8▶◀

수정 – 각결정 [km]

만나는 2개 선: 9▶◀, 10▶◀

선의 종류 – 기타 – 2각도선 [lct]

제1요소: 10▶◀,   제2요소: 9▶◀

수정 – 선수정 [cl]

원하는 길이의 수치: 3↵   원하는 선: 11▶◐

선의 종류 – 곡선 [crv]

점열 지시: 끝점(F1) 12▶◀

임의점(F2) 13▼, 14▼

끝점(F1) 15▶◀,   임의점(F2) 16▼, 17▼

끝점(F1) 18▶◐

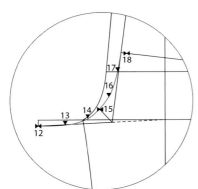

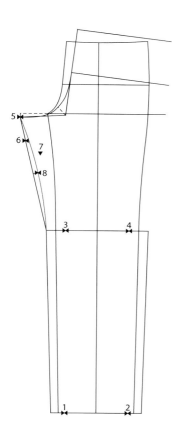

밑단과 안솔기선 그리기

수정 – 길이 조정 [n]
변경할 선의 수치: 2↵
선의 끝점: 1▶◀, 2▶◀🖑
변경할 선의 수치: 2.5↵
선의 끝점: 3▶◀, 4▶◀🖑
선의 종류 – 2점선 [l]
2점 지시: 1▶◀, 3▶◀
2점 지시: 2▶◀, 4▶◀
2점 지시: 3▶◀, 5▶◀
선의 종류 – 직각선 [lq]
기준선: 6▶◀   선의 길이: 1.3↵
시작점: 중점(Shift+F2) 6▶◀ 방향: 7▼
선의 종류 – 곡선 [crv]
끝점(F1) 5▶◀, 8▶◀, 3▶◀

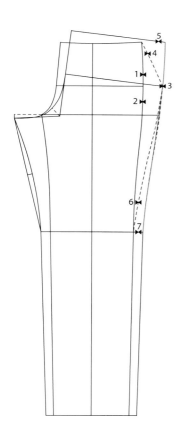

옆솔기선 그리기

곡선수정 – 유사처리 – 복사이동 [csr]
대상 지시: 1▶◀, 2▶◀🖑
이동 후의 선: 3▶◀
곡선수정 – 유사처리 – 유사이동 [sr]
대상 지시: 4▶◀🖑
이동 후의 선: 5▶◀
대상 지시: 6▶◀🖑
이동 후의 선: 7▶◀
곡선수정 – SS수정 [ss]
옆선수정
삭제 – 지정삭제 [d]
보조선 삭제

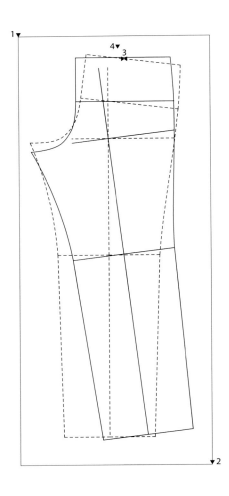

다트 준비하기

삭제 - 지정삭제 [d]
앞판 보조선 삭제
회전 - 보정 - 수평보정 [hh]
보정할 패턴 지시: 영역교차 내(F5) 1▼, 2▼🖰
기준선: 3▸◂
이동 후 패턴위치: 4▼

작업의 편의를 위하여 부분작업할 패턴의 기준선을
수직선 또는 수평선의 상태에서 작업한다(허리선에
다트를 그리기 위하여 수평선으로 만듦).

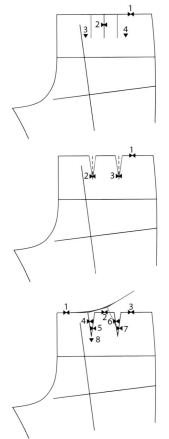

다트 그리기

선의 종류 - 2점선 [l]
2점 지시: 중점(Shift+F2) 1▸◂, y-6.5↵
선의 종류 - 평행 [pl]
평행 기준선: 2▸◂   방향: 3▼   간격: 3.5↵
평행 기준선: 2▸◂   방향: 4▼
삭제 - 지정삭제 [d]
기준선: 2▸◂🖰

패턴 - 다트 - 다트 [dart]
허리선 지시: 1▸◂   다트중심선: 2▸◂
다트량: 1.8↵
허리선 지시: 1▸◂   다트중심선: 3▸◂
다트량: 1.8↵

패턴 - 다트 - 접어 보기 [ta]
접어볼 선: 1▸◂, 2▸◂, 3▸◂🖰
다트선 지시(2개씩): 4▸◂, 5▸◂, 6▸◂, 7▸◂🖰
다트끝 위치: 8▼
곡선을 만들 점수: 8↵   이동할 점: ▼수정🖰
확인 표시-현재 상태로 수정- 예🖰

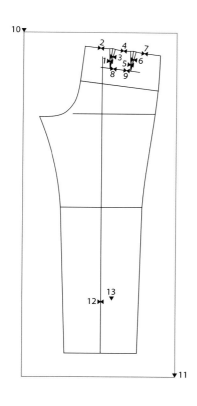

패턴 – 다트 – 다트 접기 [dara]

기준측 다트·허리선: 1▶◀, 2▶◀, 3▶◀, 4▶◀, 5▶◀, 4▶◀, 6▶◀, 7▶◀

선의 종류 – 2점선 [I]

2점 지시: 1▶◀, 5▶◀

수정 – 길이 조정 [n]

변경할 선의 수치: 3↵

선의 끝점: 8▶◀, 9▶◀🖰

뒷주머니 입구 크기: 12~14cm 정도

회전 – 보정 [cy]

보정할 패턴 지시: 영역교차 내(F5) 10▼, 11▼

기준선: 12▶◀　이동 후 패턴 위치: 13▼

앞·뒤판 기호 넣기

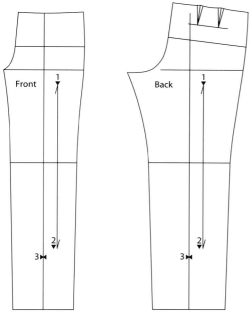

기호 – 1 기호 – 평행결선 [paz]

시작 위치: 1▼

종료 위치: 2▼

기준선: 3▶◀

기호 – 문자 – 문자입력 [t]

　　　　 – 영역문자 [tb]

　　　　 – 배치문자 [mol]

문자 기능을 이용하여 문자를 입력한다.

벨트 그리기

패턴 작성 – 벨트 [ob]

벨트 작성 위치: 1▼(왼쪽 하단)

허리치수: 86↵　　낸단분: 3.5↵

벨트폭: 3.5↵

수정 – 선 자르기 [c]

자를 선: 영역교차 내(F5) 2▼, 3▼🖰

기준선: 4▶◀

선의 종류 – 기타 – 등분선 [ldq]

제1의 선: 5▶◀　　제2의 선: 6▶◀

등분할 선의 수: 4↵

베이직 팬츠 Basic Pants

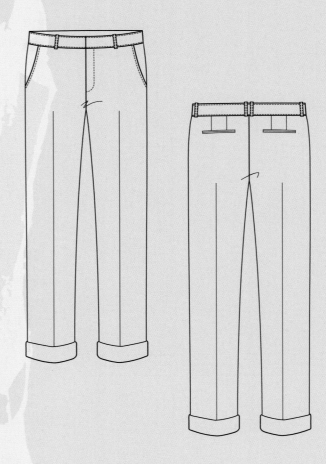

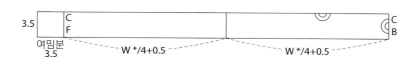

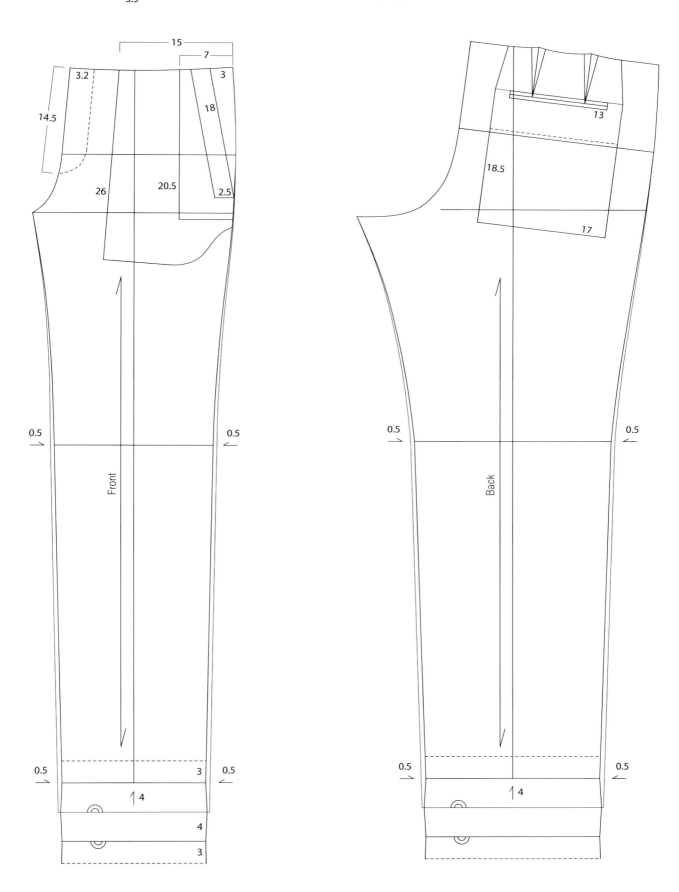

Front & Back Drawing
앞 · 뒤판 그리기

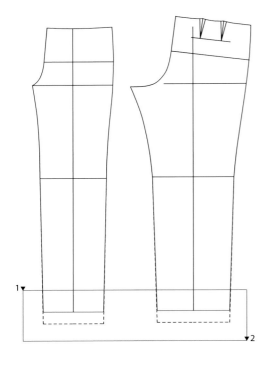

앞 · 뒤판 팬츠 원형 준비

바지길이 수정하기

수정 – 단점이동 – 상방향 [eu]
이동할 영역: 1▼, 2▼
이동량: 4↵

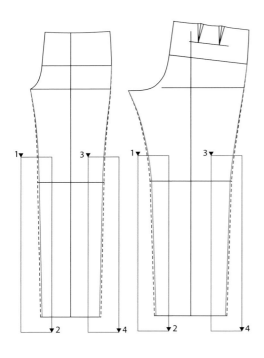

앞 · 뒤판 부리둘레 수정하기

수정 – 단점이동 – 우방향 [er]
이동할 영역: 1▼, 2▼
이동량: 0.5↵
이동할 영역: 3▼, 4▼
이동량: −0.5↵
뒤판도 동일하게 수정한다.

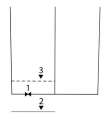

앞·뒤판 밑단 수정하기

선의 종류 – 평행 [pl]

평행 기준선: 1▶◀

방향: 2▼　간격: 4⏎

기호 – 1기호 – 스티치 [st]

대상선: 1▶◀

방향: 3▼　간격: 3⏎

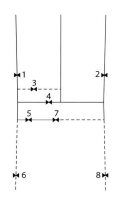

수정 – 양측수정 [b]

기준이 되는 2개의 선: 1▶◀, 2▶◀

수정할 선: 3▶◀🖱

반전 – 복사반전 – 선반전 [cml]

반전할 대상: 1▶◀, 2▶◀🖱　기준선: 4▶◀

수정 – 각결정 [km]

만나는 2개 선: 5▶◀, 6▶◀, 7▶◀, 8▶◀

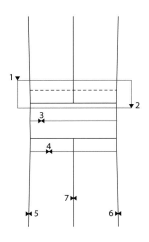

반전 – 복사반전 – 선반전 [cml]

반전할 대상: 영역교차 내(F5) 1▼, 2▼🖱

기준선: 3▶◀

수정 – 편측수정 [k]

기준선: 4▶◀　수정할 선: 5▶◀, 6▶◀🖱

삭제 – 지정삭제 [d]

기준선: 7▶◀⏎

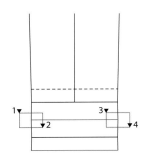

수정 – 단점이동 – 좌방향 [el]

이동할 영역: 1▼, 2▼　이동량: 0.1⏎

이동할 영역: 3▼, 4▼　이동량: −0.1⏎

접어 올렸을 때의 밑단둘레 여유분

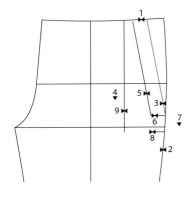

앞판 그리기

선의 종류 – 기타 – 접선 [ld]
시작점: 끝점 3 ↵ 1▶◀
접할 선: 2▶◀   선의 길이: 18 ↵

선의 종류 – 평행 [pl]
평행 기준선: 3▶◀   방향: 4▼   간격: 2.5 ↵

선의 종류 – 수평선 [lh]
2점 지시: 3▶◀, 5▶◀

수정 – 각결정 [km]
만나는 2개 선: 5▶◀, 6▶◀

선의 종류 – 평행 [pl]
평행 기준선: 6▶◀   방향: 7▼   간격: 3 ↵

선의 종류 – 수직선 [lv]
2점 지시: 끝점 7 ↵ 1▶◀, 8▶◀

수정 – 각결정 [km]
만나는 2개 선: 9▶◀, 8▶◀

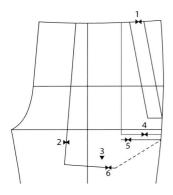

선의 종류 – 2점선 [l]
2점 지시: 끝점 15 ↵ 1▶◀, 0 ↵, x-2 y-26 ↵

선의 종류 – 직각선 [lq]
기준선: 2▶◀   선의 길이: 9 ↵
시작점: 2▶◀   방향: 3▼

선의 종류 – 평행 [pl]
평행 기준선: 4▶◀   방향: 3▼   간격: 1 ↵

수정 – 유사처리 – 유사이동 [sr]
대상선: 5▶◀🖱   이동 후: 6▶◀

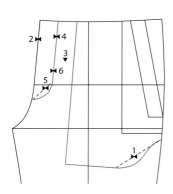

곡선수정 – 선 합치기 [rc]
합칠 곡선 지시: 1▶◀🖱   선의 점수: 6 ↵
설정 유무·수정: s ↵, 곡선수정 후 🖱

선의 종류 – 평행 [pl]
평행 기준선: 2▶◀   방향: 3▼   간격: 3.2 ↵

선의 종류 – 2점선 [l]
2점 지시: 끝점 14.5 ↵ 2▶◀, 11 ↵, 4▶◀

수정 – 각결정 [km]
만나는 2개 선: 5▶◀, 6▶◀

곡선수정 – 선 합치기 [rc]
합칠 곡선 지시: 5▶◀🖱   선의 점수: 6 ↵
설정 유무·수정: s ↵, 곡선수정 후 🖱

속성 – 선변경 – 점선 [cdas]
실선을 점선으로 변경한다.

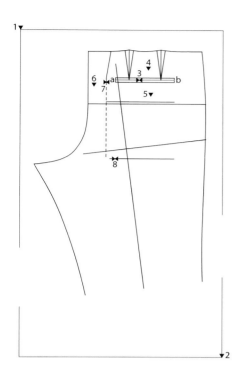

뒤판 주머니선 그리기

회전 – 보정 – 수평보정 [hh]

보정할 패턴 지시: 영역교차 내(F5) 1▼, 2▼

기준선: 3▶◀   이동 후 패턴 위치: 4▼

뒤판 패턴 전체를 수평으로 보정한다.

선의 종류 – 평행 [pl]

평행 기준선: 3▶◀

방향: 4▼   간격: 0.5↵

평행 기준선: 3▶◀   방향: 5▼

평행 기준선: 5↵ 3▶◀   방향: 5▼

평행 기준선: 18↵ 3▶◀   방향: 5▼

선의 종류 – 2점선 [l]

2점 지시: 포켓선을 정리한다. a, b선

선의 종류 – 평행 [pl]

평행 기준선: a선▶◀

방향: 6▼   간격: 2↵

수정 – 각결정 [km]

만나는 2개 선: 7▶◀, 8▶◀

선의 종류 – 2점선 [l]

2점 지시: 7▶◀, 끝점 x1y6↵

수정 – 편측수정 [k]

선 정리

＊반대편도 동일하게 선을 정리한다.

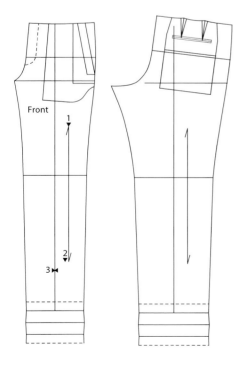

앞·뒤판 기호 넣기

기호 – 1기호 – 평행결선 [paz]

시작 위치: 1▼

종료 위치: 2▼

기준선: 3▶◀

기호 – 1기호 – 골 표시 [w]

기호 – 문자 – 문자입력 [t]

　　　 – 영역문자 [tb]

　　　 – 배치문자 [mol]

문자 기능을 이용하여 문자를 입력한다.

벨트 그리기

59쪽을 참조한다.

쇼츠 팬츠 Shorts Pants

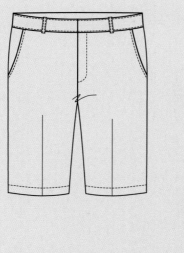

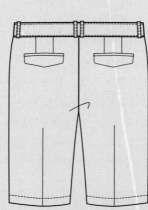

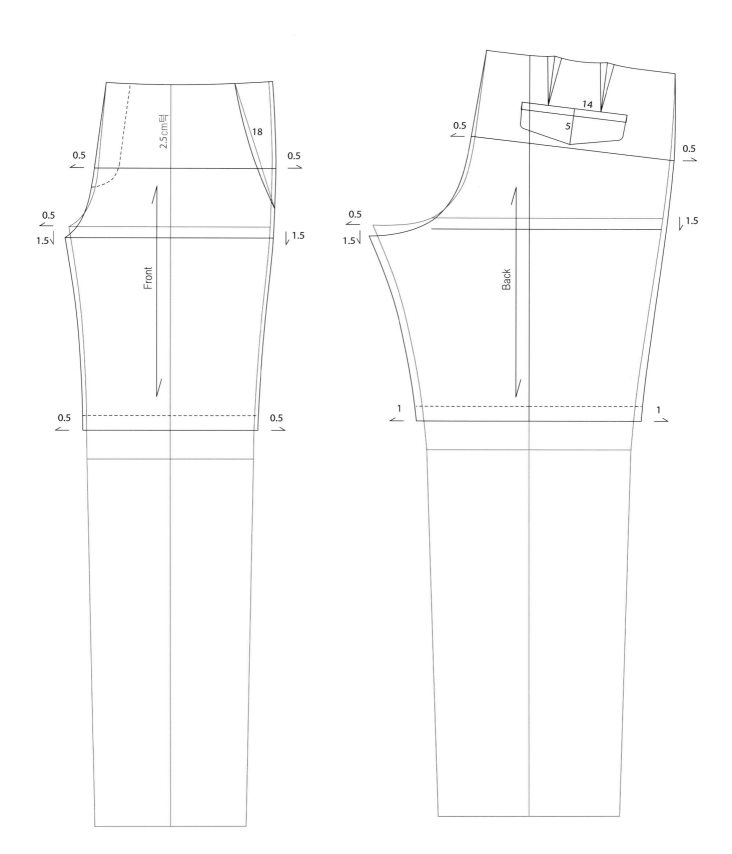

Scale 1/5

3.5

C
F

여밈분
3.5

W*/4+0.5

W */4+0.5

C
B

0.5

2.5cm턱

18

Front

0.5

0.5

1.5

0.5

1.5

0.5

0.5

0.5

14

5

Back

0.5

0.5

1.5

1.5

1

1

1

1

Front & Back Drawing
앞·뒤판 그리기

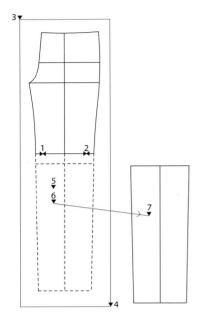

앞·뒤판 팬츠 원형 준비

앞·뒤판 바지길이 수정하기

이동 – 이동 – 상방향 [mvu]
이동할 선: 1▶◀, 2▶◀🖰   이동량: 4↵
패턴 – 분할분리 – 2점 방향 [b2]
이동할 영역: 3▼, 4▼   절개선: 1▶◀, 2▶◀🖰
이동할 패턴측: 5▼
이동할 방향 2점 지시: 6▼, 7▼
삭제 – 지정삭제 [d]
분리된 바지부위는 삭제한다.

＊뒤판도 앞판과 동일하게 분리시킨 후 삭제한다.

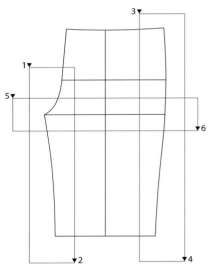

앞판 바지길이와 둘레 수정 및 앞여밈 스티치선 그리기

수정 – 단점이동 – 좌방향 [el]
이동할 영역: 1▼, 2▼
이동량: 0.5↵
이동할 영역: 3▼, 4▼
이동량: −0.5↵
수정 – 단점이동 – 하방향 [ed]
이동할 영역: 5▼, 6▼
이동량: 1.5↵
곡선수정 – SS수정 [ss]
앞샅솔기 수정

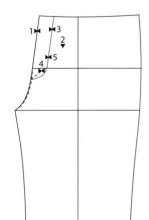

선의 종류 – 평행 [pl]
평행 기준선: 1▶◀
방향: 2▼   간격: 3.2↵
선의 종류 – 2점선 [l]
2점 지시: 끝점 14.5↵ 1▶◀, 11↵, 3▶◀
수정 – 각결정 [km]
만나는 2개 선: 4▶◀, 5▶◀
곡선수정 – 선 합치기 [rc]
합칠 곡선 지시: 4▶◀🖰   선의 점수: 6↵
설정 유무·수정: s↵, 곡선수정 후 🖰
속성 – 선변경 – 점선 [cdas]
앞여밈 스티치선은 점선으로 변경한다.

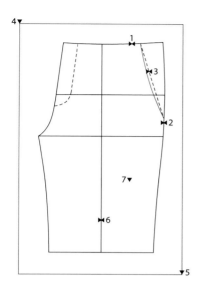

앞판 사이드포켓선 및 턱선 그리기

선의 종류 – 기타 – 접선 [ld]

시작점: 끝점 5↵ 1▶◀

접할 선: 2▶◀ 선의 길이: 18↵

곡선수정 – 선 합치기 [rc]

합칠 곡선 지시: 3▶◀🖰 선의 점수: 6↵

설정 유무·수정: s↵, 곡선수정 후 🖰

패턴 – 외주름 [khda]

상단절개량: 2.5 하단절개량: 0 실행🖰

영역: 4▼, 5▼ 절개선 지시: 6▶◀🖰

상단기준선: 1▶◀🖰 하단기준선: 🖰

주름 방향: 7▼ 이동하지 않을 패턴측: 7▼

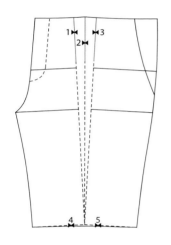

수정 – 선수정 [cl]

원하는 길이의 수치: 10↵

원하는 선: 1▶◀, 3▶◀🖰

곡선수정 – 선 합치기 [rc]

합칠 곡선 지시: 4▶◀, 5▶◀🖰 선의 점수: 6↵

설정 유무·수정: s↵, 곡선수정 후 🖰

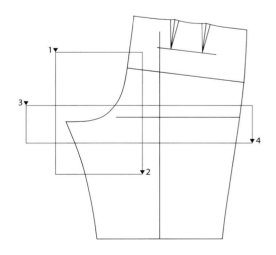

뒤판 밑위길이 및 폭 수정하기

수정 – 단점이동 – 좌방향 [el]

이동할 영역: 1▼, 2▼ 이동량: 0.5↵

수정 – 단점이동 – 하방향 [ed]

이동할 영역: 3▼, 4▼ 이동량: 1.5↵

곡선수정 – SS수정 [ss]

밑위곡선수정

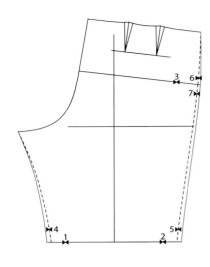

수정 – 길이 조정 [n]
변경할 선의 수치: 1⏎
선의 끝점: 1▸◂, 2▸◂🖰
변경할 선의 수치: 0.5⏎
선의 끝점: 3▸◂🖰
수정 – 유사처리 – 유사이동 [sr]
대상선: 4▸◂🖰   이동 후: 1▸◂
대상선: 5▸◂🖰   이동 후: 2▸◂
대상선: 6▸◂, 7▸◂🖰   이동 후: 3▸◂

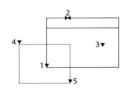

플랩포켓 그리기

선의 종류 – 사각BOX [box]
폭: 7⏎ 길이: 5⏎
처음 위치 1▾
선의 종류 – 평행 [pl]
평행 기준선: 2▸◂
방향: 3▾   간격: 1⏎
수정 – 단점이동 – 상방향 [eu]
이동할 영역: 4▾, 5▾   이동량: 1.5⏎
수정 – 단점이동 – 우방향 [er]
이동할 영역: 4▾, 5▾   이동량: 0.3⏎

수정 – 각수정 [fil]
곡선이 될 2개의 선: 6▸◂, 7▸◂
시작점: 끝점(F1) 0.5⏎, 6▸◂
설정 유무: y⏎

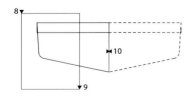

반전 – 복사반전 – 선반전 [cml]
반전할 대상: 영역교차 내(F5) 8▾, 9▾🖰
기준선: 10▸◂

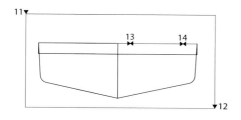

이동 - 이동 - 이동회전 [mvrt]
이동회전할 패턴: 영역교차 내(F5) 11▼,12▼⟳
이동전 기준 2점: 13▶◀, 14▶◀
이동 후 기준 2점: 중점(Shift+F2) 15▶◀
끝점(F1) 16▶◀

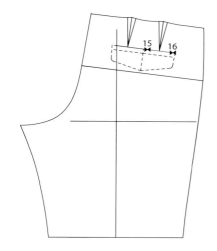

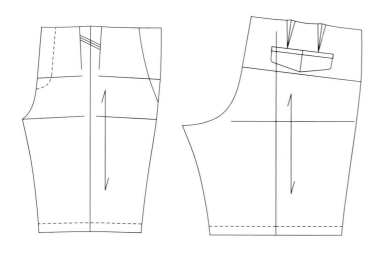

앞·뒤판 기호 넣기

기호 - 1기호 - 평행결선 [paz]

기호 - 문자 - 문자입력 [t]
     - 영역문자 [tb]
     - 배치문자 [mol]

문자 기능을 이용하여 문자를 입력한다.

벨트 그리기

59쪽을 참조한다.

배기팬츠 Baggy Pants

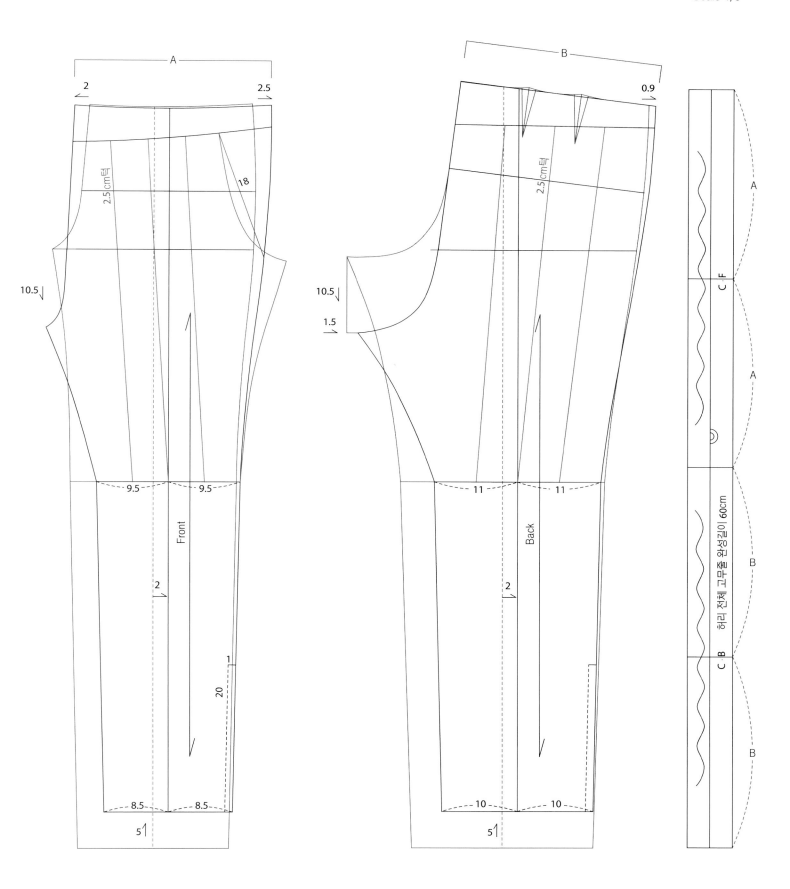

Scale 1/5

Front & Back Drawing

앞·뒤판 그리기

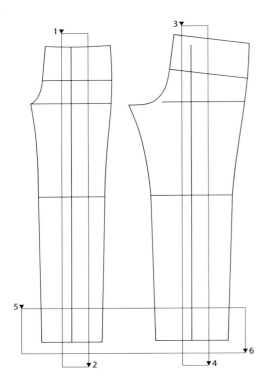

팬츠 원형 준비 후 뒤판 다트 삭제

바지주름선 이동 및 바지길이 수정하기

수정 – 단점이동 – 우방향 [er]
이동할 영역: 1▼, 2▼
이동량: 2↵
이동할 영역: 3▼, 4▼
이동량: 2↵
수정 – 단점이동 – 상방향 [eu]
이동할 영역: 5▼, 6▼
이동량: 5↵

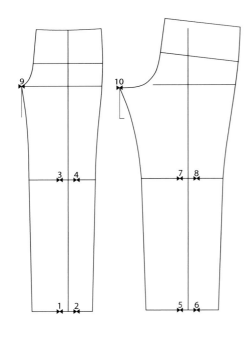

바짓부리 수정 및 샅점 보조선 그리기

수정 – 선수정 [cl]
원하는 길이의 수치: 8.5↵
원하는 선: 1▸◂, 2▸◂👆
원하는 길이의 수치: 9.5↵
원하는 선: 3▸◂, 4▸◂👆
원하는 길이의 수치: 10↵
원하는 선: 5▸◂, 6▸◂👆
원하는 길이의 수치: 11↵
원하는 선: 7▸◂, 8▸◂👆
선의 종류 – 연속선 [lc]
시작점: 끝점(F1) 9▸◂, y-10.5↵👆
시작점: 끝점(F1) 10▸◂, y-10.5↵, x1.5↵👆

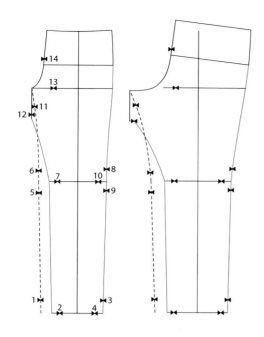

안솔기선 및 옆솔기선 그리기

수정 – 유사처리 – 유사이동 [sr]

대상선: 1▶️🖱️　이동 후: 2▶️

대상선: 3▶️🖱️　이동 후: 4▶️

대상선: 5▶️, 6▶️🖱️　이동 후: 7▶️

대상선: 8▶️, 9▶️🖱️　이동 후: 10▶️

대상선: 11▶️🖱️　이동 후: 12▶️

＊동일한 방법으로 뒤판 선도 이동시킨다.

수정 – 편측수정 [k]

기준선: 13▶️

수정할 선: 14▶️🖱️

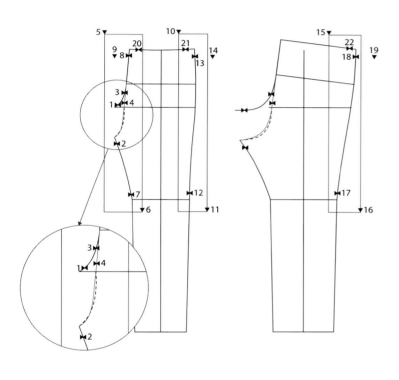

밑위곡선 및 허리둘레 여유량 조정하기

수정 – 유사처리 – 유사이동 [sr]

대상선: 1▶️🖱️　이동 후: 2▶️

대상선: 3▶️🖱️　이동 후: 4▶️

＊동일한 방법으로 뒤판 선도 이동시킨다.

곡선수정 – SS수정 [ss]

밑위곡선수정

회전 – 회전 – 회전량 [re]

회전할 패턴: 영역 내(F4) 5▼, 6▼🖱️

회전할 중심: 7▶️　움직일 점: 8▶️

이동량: 2⏎　방향: 9▼

회전할 패턴: 영역 내(F4) 10▼, 11▼🖱️

회전할 중심: 12▶️　움직일 점: 13▶️

이동량: 2.5⏎　방향: 14▼

회전할 패턴: 영역 내(F4) 15▼, 16▼🖱️

회전할 중심: 17▶️　움직일 점: 18▶️

이동량: 0.9⏎　방향: 19▼

수정 – 유사처리 – 유사이동 [sr]

대상선: 20▶️🖱️　이동 후: 8▶️

대상선: 21▶️🖱️　이동 후: 13▶️

대상선: 22▶️🖱️　이동 후: 18▶️

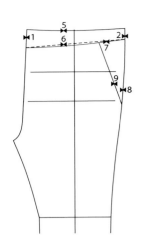
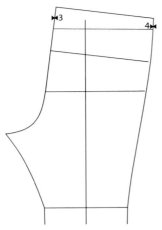

사이드포켓과 요크선 그리기

선의 종류 – 2점선 [l]
2점 지시: 끝점 5 ↵ 1▶◀, 3 ↵, 2▶◀
2점 지시: 끝점 6 ↵ 3▶◀, 3 ↵, 4▶◀
곡선수정 – 유사처리 – 유사곡선 [sgc]
기준선: 5▶◀   수정할 선: 6▶◀
선의 종류 – 기타 – 접선 [ld]
시작점: 끝점 5 ↵ 7▶◀
접할 선: 8▶◀   선의 길이: 18 ↵
수정 – 선 자르기 [c]
자를 선: 8▶◀🖰   기준선: 9▶◀

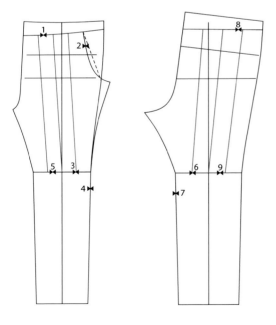

회전 – 복사회전 – 회전량 [cre]
회전할 패턴: 10▶◀
회전할 중심: 10▶◀   움직일 점: 11▶◀
이동량: 3 ↵   방향: 12▼
곡선수정 – SS수정 [ss]
그림과 같이 선수정
선의 종류 – 곡선 [crv]
점열 지시: 끝점(F1) 13▶◀
임의점(F2) 14▼, 15▼, 16▼   끝점(F1) 17▶◀

턱선 그리기

수정 – 선 자르기 [c]
자를 선: 1▶◀🖰
기준선: 2▶◀
삭제 – 지정삭제 [d]
삭제할 선: 3▶◀, 6▶◀🖰
수정 – 편측수정 [k]
기준선: 4▶◀
수정할 선: 5▶◀🖰
기준선: 7▶◀
수정할 선: 9▶◀🖰
선의 종류 – 기타 – 등분선 [ldq]
제1의 선: 1▶◀   제2의 선: 5▶◀
등분할 선의 수: 4 ↵
제1의 선: 8▶◀   제2의 선: 9▶◀
등분할 선의 수: 4 ↵

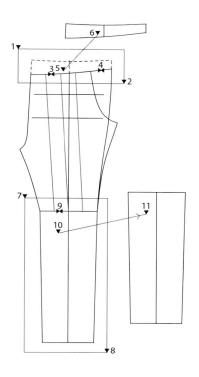

패턴 – 분할분리 – 2점 방향 [b2]

이동할 영역: 1▼, 2▼

절개선: 3▶◀, 4▶◀👆

이동할 패턴측: 5▼

이동할 방향 2점 지시: 5▼, 6▼

이동할 영역: 7▼, 8▼

절개선: 9▶◀👆

이동할 패턴측: 10▼

이동할 방향 2점 지시: 10▼, 11▼

＊동일한 방법으로 뒤판도 분리시킨다.

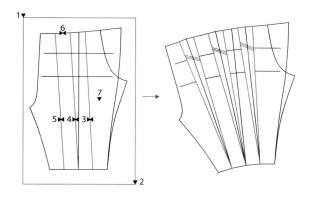

패턴 – 외주름 [khda]

상단절개량: 2.5　　하단절개량: 0　실행

영역: 1▼, 2▼

절개선 지시: 3▶◀, 4▶◀, 5▶◀👆

상단기준선: 6▶◀👆　　하단기준선: 👆

주름 방향: 7▼　이동하지 않을 패턴측: 7▼

＊동일한 방법으로 뒤판도 벌려준다.

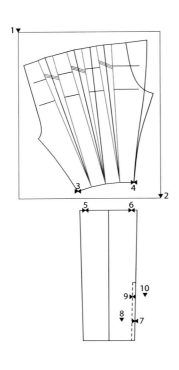

이동 – 이동 – 이동회전 [mvrt]

이동회전할 패턴: 영역교차 내(F5) 1▼, 2▼🖱

이동 전 기준 2점: 3▶◀, 4▶◀

이동 후 기준 2점: 5▶◀, 6▶◀

기호 – 1기호 – 스티치 [st]

대상선 : 7▶◀

방향: 8▼   간격: 1⏎

수정 – 선수정 [cl]

원하는 길이의 수치: 20⏎

원하는 선: 9▶◀🖱

선의 종류 – 직각선 [lq]

기준선: 9▶◀   선의 길이: 1⏎

시작점: 9▶◀   방향: 10▼

뒤판도 동일한 방법으로 수정한다.

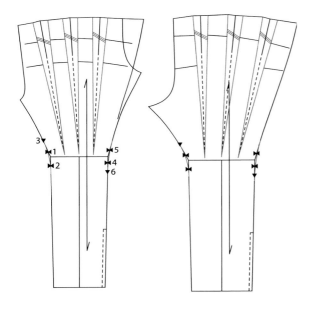

선 정리하기

수정 – 각수정 [fil]

곡선이 될 2개의 선: 1▶◀, 2▶◀

시작점: 3▼

설정 유무: y⏎

곡선이 될 2개의 선: 4▶◀, 5▶◀

시작점: 6▼

설정 유무: y⏎

수정 – 선수정 [cl]

원하는 길이의 수치: 10⏎

원하는 선: 턱▶◀🖱

동일한 방법으로 뒤판도 선을 정리한다.

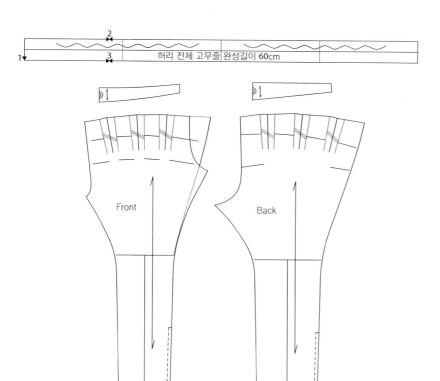

허리 전체 고무줄 완성길이 60cm

Front

Back

벨트 및 앞·뒤판 기호 넣기

패턴 작성 – 벨트 [ob]

벨트 작성 위치: 1▼(왼쪽 하단)

허리치수: 104↵

낸단분: 0↵

벨트폭: 3↵

선의 종류 – 기타 – 등분선 [ldq]

제1의 선: 2▶◀

제2의 선: 3▶◀

등분할 선의 수: 4↵

기호 – 기호 – 평행결선 [paz]

기호 – 문자 – 문자입력 [t]

       – 영역문자 [tb]

       – 배치문자 [mol]

* 문자 기능을 이용하여 문자를 입력한다.

디자인 패턴-셔츠

Design pattern shirt

Shirt Sloper

Dress Shirt

Casual Shirt

셔츠 원형 Shirt Sloper

제도에 필요한 치수

필요 항목	인체 참고 치수
키(Stature)	175cm
가슴둘레(Chest Circumference)=C	96cm
허리둘레(Waist Circumference)=W	82cm
엉덩이둘레(Hip Circumference)=H	96cm
목둘레(Neck Circumference)=N	39cm
어깨사이길이(Biacromion Length)=S	46.5cm
등길이(Waist Back Length)	44cm
소매길이(Sleeve Length)	64cm

패턴 제도 시 가슴둘레는 C, 허리둘레는 W, 엉덩이둘레는 H, 목둘레는 N, 어깨사이길이는 S를 약자로 사용한다.

계산 치수

계산 항목	계산 치수
가슴둘레 여유분	1/2가슴둘레+6cm
앞가슴둘레 여유분	1/4가슴둘레+3cm
뒤가슴둘레 여유분	1/4가슴둘레+3cm
진동깊이	1/7.5키+2.5cm
앞품	1/10가슴둘레×2-1cm+1.2cm
옆품	1/10가슴둘레+1cm+2cm
등품	1/10가슴둘레×2+2.8cm
뒷목너비	(목둘레+2cm)/5-0.2cm
앞목너비	뒷목너비-1.6cm=6.4cm
앞목깊이	뒷목너비+0.2cm=8.2cm
엉덩이옆길이	1/9키

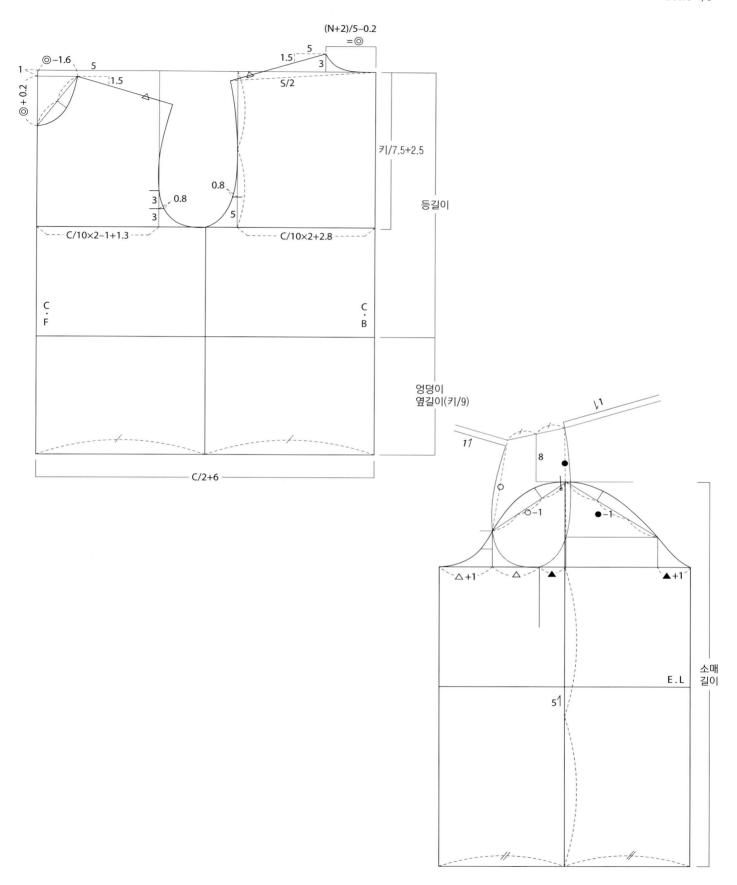

Back Drawing
뒤판 그리기

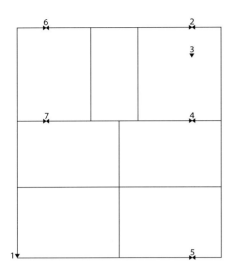

기초선 그리기

선의 종류 – 사각BOX [box]
폭: 54 ↵   길이: 63.5 ↵
처음 위치: 1▼ (시작점 위치는 좌측 하단)

폭: 가슴둘레/2+6
길이: 등길이+엉덩이길이(키/9)

선의 종류 – 평행 [pl]
평행 기준선: 2▶◀   방향: 3▼   간격: 25.8 ↵
진동깊이: 키/7.5+2.5

평행 기준선: 44 ↵ (간격 변경) 2▶◀   방향: 3▼
등길이 = 44

선의 종류 – 수직선 [lv]
2점 지시: 중점(Shift+F2) 4▶◀, 5▶◀
2점 지시: 끝점(F1) 22 ↵ 2▶◀, 4▶◀

뒤품: 가슴둘레/10×2+2.8

2점 지시: 19.4 ↵ 6▶◀, 7▶◀

앞품: 가슴둘레/10×2−1+1.2

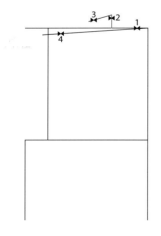

뒷목둘레선 및 어깨선 그리기

선의 종류 – 2점선 [l]
2점 지시: 끝점 8 ↵ 1▶◀, y3 ↵
2점 지시: 끝점 0 ↵ 2▶◀, x−5 y−1.5 ↵
선의 종류 – 기타 – 접선 [ld]
시작점: 끝점 1▶◀
접할 선: 3▶◀   선의 길이: 23.25 ↵

어깨사이길이/2

수정 – 편측수정 [k]
기준선: 4▶◀   수정할 선: 3▶◀👆

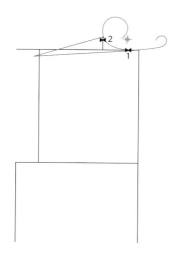

곡선수정 – 암홀곡자 [rd]

곡선검색리스트 – DCURVE🖱

마우스와 휠을 이용하여 원하는 위치에 놓는다.

🖱(팝업메뉴) – 곡선작성🖱 – 2▶◀, 1▶◀

이동할 점: 점을 옮기며 선을 수정한다. 🖱

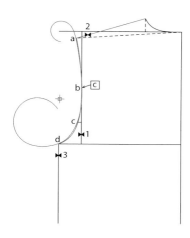

뒤판 암홀 그리기

수정 – 선 자르기 [c]

자를 선: 1▶◀🖱　　기준선: 중점(Shift+F2) 1▶◀

선의 종류 – 2점선 [l]

2점 지시: 끝점 5⏎ 1▶◀, x-0.8⏎

곡선수정 – 암홀곡자 [rd]

곡선검색리스트 – DCURVE🖱

마우스와 휠을 이용하여 a, b, c, d점을 통과하는 위치에 놓는다.

🖱(팝업메뉴) – 곡선작성🖱 – 2▶◀, 3▶◀

이동할 점: 점을 옮기며 선을 수정한다. 🖱

Front Drawing
앞판 그리기

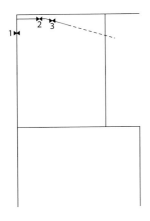

옆목점 및 어깨선 그리기

선의 종류 – 2점선 [l]
2점 지시: 끝점 1 ↵ 1▶◀, x6.4 ↵
2점 지시: 끝점 0 ↵ 2▶◀, x5 y−1.5 ↵ 🖱
수정 – 선수정 [cl]
원하는 길이의 수치: 15.867 ↵

* 뒤어깨선길이 수치

원하는 선: 3▶◀ 🖱

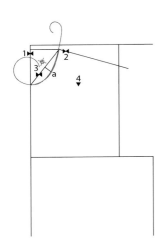

앞목둘레 및 앞암홀 그리기

선의 종류 – 2점선 [l]
2점 지시: 2▶◀, 끝점 9.2 ↵ 1▶◀
선의 종류 – 직각선 [lq]
기준선: 3▶◀   선의 길이: 1.8 ↵
시작점: 중점(Shift+F2) 3▶◀   방향: 4▼
곡선수정 – 암홀곡자 [rd]
곡선검색리스트 – DCURVE 🖱
마우스와 휠을 이용하여 a점을 통과하는 위치에 놓는다.
🖱(팝업메뉴) – 곡선작성 🖱 – 2▶◀, 3▶◀
이동할 점: 점을 옮기며 선을 수정한다.

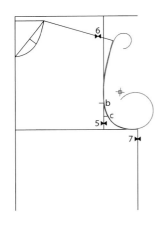

선의 종류 – 2점선 [l]
2점 지시: 끝점 3 ↵ 5▶◀, x0.8 ↵
2점 지시: 끝점 6 ↵ 5▶◀, x−1 ↵
곡선수정 – 암홀곡자 [rd]
곡선검색리스트 – DCURVE 🖱
마우스와 휠을 이용하여 b, c점을 통과하는 위치에 놓는다.
🖱(팝업메뉴) – 곡선작성 🖱 – 6▶◀, 7▶◀
이동할 점: 점을 옮기며 선을 수정한다. 🖱

Sleeve Drawing
소매 그리기

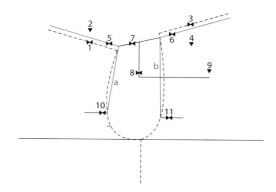

앞·뒤 암홀 및 어깨선, 너치 복사 후 준비

보조선 그리기

선의 종류 – 평행 [pl]
평행 기준선: 1▶◀
방향: 2▼   간격: 1↵
평행 기준선: 3▶◀   방향: 4▼
선의 종류 – 2점선 [l]
2점 지시: 5▶◀, 6▶◀
2점 지시: 중점(Shift+F2) 7▶◀, y-8↵
선의 종류 – 수평선 [lh]
2점 지시: 8▶◀, 임의점(F2) 9▼
선의 종류 – 2점선 [l]
2점 지시: 5▶◀, 10▶◀
2점 지시: 6▶◀, 11▶◀

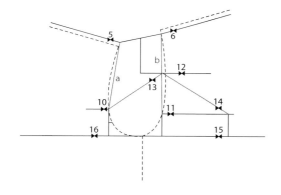

수정 – 길이 조정 [n]
변경할 선의 수치: 15↵ (임의의 수치)
선의 끝점: 11▶◀🖱
길이의 합과 차 [m-]
제1의 선: a🖱   제2의 선: 🖱
제1의 선: b🖱   제2의 선: 🖱
선의 종류 – 기타 – 접선 [ld]
시작점: 10▶◀   접할 선: 12▶◀
선의 길이: (a길이-1cm)↵
시작점: 13▶◀   접할 선: 11▶◀
선의 길이: (b길이-1cm)↵

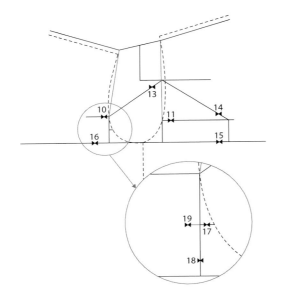

선의 종류 – 수직선 [lv]
2점 지시: 14▶◀, 15▶◀
2점 지시: 11▶◀, 15▶◀
2점 지시: 10▶◀, 16▶◀
반전 – 반전 – 선반전 [ml]
반전할 대상: 17▶◀👆
기준선: 18▶◀
수정 – 길이 조정 [n]
변경할 선의 수치: 1⏎
선의 끝점: 19▶◀👆

소매암홀 그리기

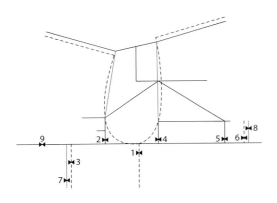

반전 – 복사반전 – 선반전 [cml]
반전할 대상: 1▶◀👆   기준선: 2▶◀
이동 – 이동 – 좌방향 [mvl]
이동할 선: 3▶◀👆   이동량: 1⏎
이동 – 복사이동 – 2점 방향 [cmv]
이동할 선: 4▶◀👆, 끝점(F1) 1▶◀, 5▶◀
이동 – 이동 – 우방향 [mvr]
이동할 선: 6▶◀👆   이동량: 1⏎
수정 – 양측수정 [b]
기준이 되는 2개의 선: 7▶◀, 8▶◀
수정할 선: 9▶◀👆

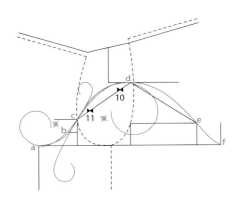

곡선수정 – 암홀곡자 [rd]
곡선검색리스트 – DCURVE👆
마우스와 휠을 이용하여 c, d점을 통과하는 위치에 놓는다.
👆(팝업메뉴) – 곡선작성👆 – 10▶◀, 11▶◀
이동할 점: 점을 옮기며 선을 수정한다. 👆
＊암홀곡자를 활용하여 소매앞암홀과 소매뒤암홀을 완성한다.
삭제 – 지정삭제 [d]
보조선 삭제

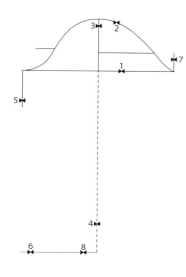

소매길이

선의 종류 – 수직선 [lv]
2점 지시: 중점(Shift+F2) 1▸◂, 2▸◂
수정 – 선수정 [cl]
원하는 길이의 수치: 64↵
원하는 선: 3▸◂🖱
선의 종류 – 수평선 [lh]
2점 지시: 4▸◂, 5▸◂
수정 – 각결정 [km]
만나는 2개 선: 5▸◂, 6▸◂
만나는 2개 선: 7▸◂, 8▸◂

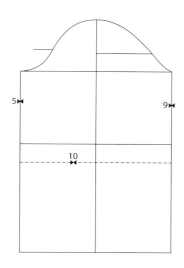

선의 종류 – 수평선 [lh]
2점 지시: 중점(Shift+F2) 5▸◂, 9▸◂
이동 – 이동 – 상방향 [mvu]
이동할 선: 10▸◂🖱   이동량: 5↵

기호 넣기

몸판과 소매 이세량을 체크한 후 너치를 그린다.

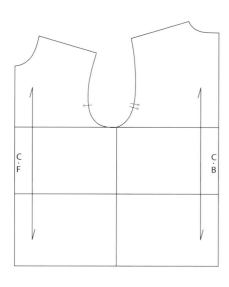

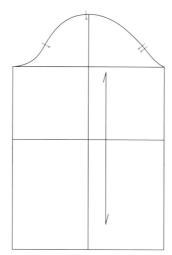

드레스 셔츠 Dress Shirt

Scale 1/6

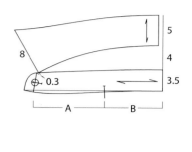

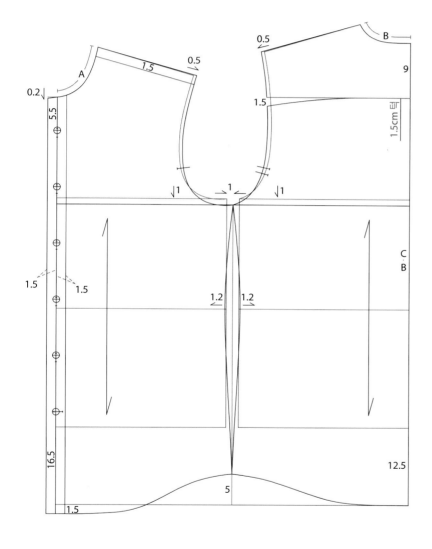

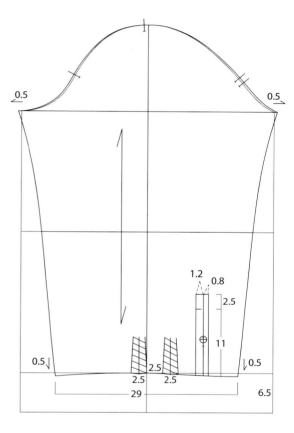

Front & Back Drawing
앞·뒤판 그리기

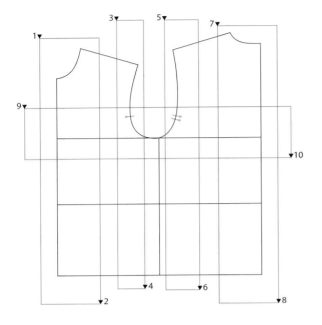

셔츠 원형 준비

가슴둘레(여유분) 수정하기

수정 – 단점이동 – 좌방향 [el]

이동할 영역: 1▼, 2▼

이동량: 1⏎

이동할 영역: 3▼, 4▼

이동량: 0.5⏎

이동할 영역: 5▼, 6▼

이동량: −0.5⏎

이동할 영역: 7▼, 8▼

이동량: −1⏎

수정 – 단점이동 – 하방향 [ed]

이동할 영역: 9▼, 10▼

이동량: 1⏎

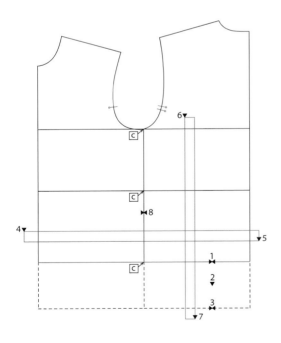

셔츠길이 수정하기

선의 종류 – 평행 [pl]

평행 기준선: 1▶◀

방향: 2▼

간격: 12.5⏎

수정 – 편측수정 [k]

기준선: 3▶◀

수정할 선: 영역교차 내(F5) 4▼, 5▼🖱

수정 – 선 자르기 [c]

자를 선: 영역교차 내(F5) 6▼, 7▼🖱

기준선: 8▶◀

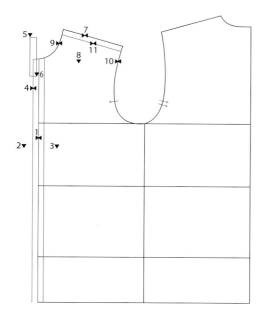

앞여밈분 및 앞뒤요크선 그리기

선의 종류 – 평행 [pl]
평행 기준선: 1▶◀
방향: 2▼ 간격: 1.5↵
평행 기준선: 1▶◀ 방향: 3▼

선의 종류 – 2점선 [l]
2점 지시: 1▶◀, 끝점수치 0.2↵, 4▶◀

수정 – 각결정 [km]
만나는 2개 선: 영역교차 내(F5) 5▼, 6▼

선의 종류 – 평행 [pl]
평행 기준선: 7▶◀
방향: 8▼ 간격: 1.5↵

수정 – 양측수정 [b]
기준이 되는 2개의 선: 9▶◀, 10▶◀
수정할 선: 11▶◀🖑

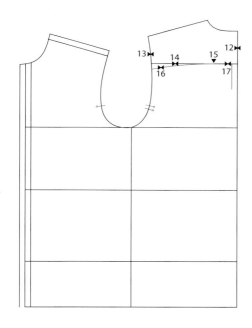

선의 종류 – 수평선 [lh]
2점 지시: 끝점 9↵ 12▶◀, 13▶◀

곡선수정 – 곡선수정 – 하방향 [std]
수정할 선의 끝점: 14▶◀ 이동량: 1.5↵
곡의 시작점: 15▼ 설정 유무: ↵

수정 – 중간 수정 [j]
기준선 짝수로 지시: 14▶◀, 16▶◀🖑
수정할 선: 13▶◀🖑

선의 종류 – 2점선 [l]
* 뒤 맞주름 기준선 위치 설정
2점 지시: 끝점 1.5↵ 17▶◀, y-7↵

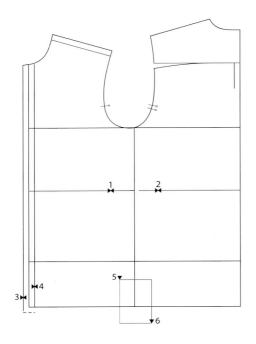

옆선과 밑단선 그리기

수정 – 길이 조정 [n]
변경할 선의 수치: -1.2 ↵
선의 끝점: 1▶◀, 2▶◀⌖
변경할 선의 수치: 1.5 ↵
선의 끝점: 3▶◀⌖
선의 종류 – 수평선 [lh]
2점 지시: 3▶◀, 4▶◀
수정 – 단점이동 – 상방향 [eu]
이동할 영역: 5▼, 6▼   이동량: 5 ↵

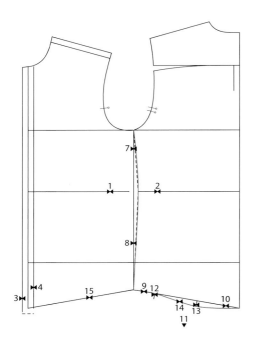

선의 종류 – 연속선 [lc]
시작점: 끝점(F1) 7▶◀, 2▶◀, 8▶◀⌖
* 옆선은 허리선을 기준으로 각각 선 합치기[rc]로 곡선화시킨 후
  점의 위치를 이동하며 자연스럽게 수정한다.
선의 종류 – 직각선 [lq]
기준선: 9▶◀   선의 길이: 1.5 ↵
시작점: 비율점(Shift+F3) 0.2 ↵ 9▶◀   방향: 11▼
선의 종류 – 직각선 [lq]
기준선: 10▶◀   선의 길이: 1.5 ↵
시작점: 비율점(Shift+F3) 0.4 ↵ 10▶◀   방향: 11▼
선의 종류 – 곡선 [crv]
점열 지시: 끝점(F1) 8▶◀, 12▶◀, 13▶◀, 10▶◀⌖
곡선수정 – 선 합치기 [rc]
합칠 곡선 지시: 14▶◀⌖   선의 점수: 10 ↵
설정 유무: s ↵, 선수정 후 ⌖(빨간색선 참고)
삭제 – 지정삭제 [d]
기준선: 10▶◀, 15▶◀⌖

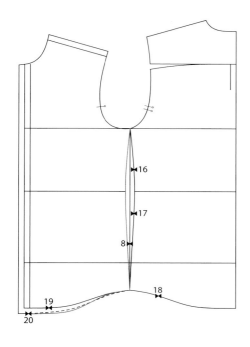

반전 – 복사반전 – 선반전 [cml]
반전할 대상: 16▶◀, 17▶◀, 18▶◀🖑   기준선: 8▶◀
곡선수정 – 유사처리 – 유사이동 [sr]
대상 지시: 19▶◀🖑
이동 후의 선: 20▶◀
곡선수정 – SS수정 [ss]
앞밑단선수정(빨간색선 참고)

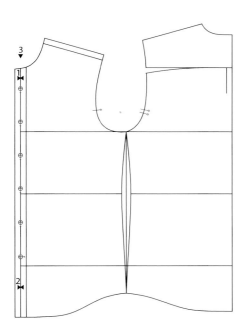

앞단추 위치 지정하기

기호 – 2기호 – 단추 [bt]
세로 방향   단추지름: 1.1
여유량: 0.2   단추수: 6
단추의 시작과 끝위치: 5.5⏎ 1▶◀, 16.5⏎ 2▶◀🖑
여유가 생길 방향: 3▼

＊ 마지막 단추 방향은 가로 방향으로 수정한다.

Tip

뒤 맞주름

뒤중심 맞주름은 그림과 같이 전개한다.
a. 밑단까지 선 연장하기 [k]
b. 외주름 벌리기 [khda]
c. 선 정리하기 [cl]

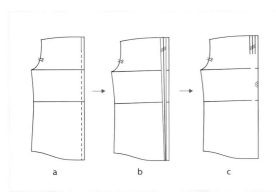

Sleeve Drawing
소매 그리기

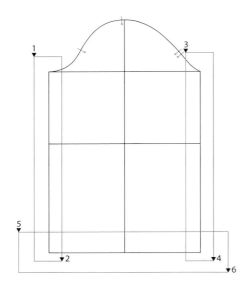

셔츠소매 원형 준비

소매통, 커프스 분량 키우기

수정 – 단점이동 – 좌방향 [el]
이동할 영역: 1▼, 2▼
이동량: 0.5 ↵
이동할 영역: 3▼, 4▼
이동량: −0.5 ↵
수정 – 단점이동 – 상방향 [eu]
이동할 영역: 5▼, 6▼
이동량: 6.5 ↵

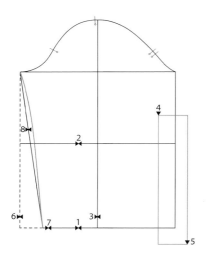

소맷부리폭 조정하기

수정 – 선 자르기 [c]
자를 선: 1▶◀, 2▶◀🖰   기준선: 3▶◀
삭제 – 지정삭제 [d]
기준선: 영역교차 내(F5) 4▼, 5▼🖰
수정 – 선수정 [cl]
원하는 길이의 수치: 14.5 ↵
원하는 선: 1▶◀🖰
소매밑단둘레: (커프스둘레+턱분량+견보루 겹침분)/2

수정 – 유사처리 – 유사이동 [sr]
대상선: 6▶◀🖰   이동 후: 7▶◀
곡선수정 – 선 합치기 [rc]
합칠 곡선 지시: 8▶◀🖰   선의 점수: 7 ↵
설정 유무: s ↵, 선수정 후 🖰 (빨간색선 참고)

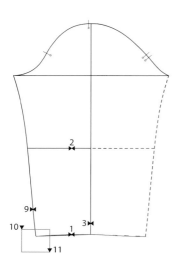

수정 – 단점이동 – 하방향 [ed]
이동할 영역: 10▼, 11▼   이동량: 0.5 ↵
곡선수정 – 선 합치기 [rc]
합칠 곡선 지시: 1▶◀🖰   선의 점수: 7 ↵
설정 유무: y ↵
반전 – 복사반전 – 선반전 [cml]
반전할 대상: 1▶◀, 2▶◀, 9▶◀🖰
기준선: 3▶◀
곡선수정 – SS수정 [ss]
밑단선수정(빨간색선 참고)

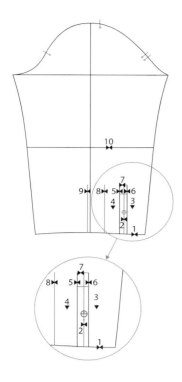

트임단 및 턱 위치 그리기

선의 종류 – 2점선 [l]
2점 지시: 끝점 5.5 ↵ 1▶◀, y13.5 ↵
선의 종류 – 평행 [pl]
평행 기준선: 2▶◀   방향: 3▼
간격: 0.8 ↵
평행 기준선: 1.2 ↵(간격 변경), 2▶◀
방향: 4▼
선의 종류 – 2점선 [l]
2점 지시: 5▶◀, 6▶◀
기호 – 1기호 – 스티치 [st]
대상선: 7▶◀   방향: 3▼
간격: 2.5 ↵
기호 – 2기호 – 단추 [bt]
세로 방향   단추지름: 1.1
여유량: 0.3   단추수: 1
단추의 시작과 끝위치: 5.5 ↵ 2▶◀, 0 ↵ 2▶◀↻
여유가 생길 방향: 3▼
선의 종류 – 평행 [pl]
평행 기준선: 5▶◀
방향: 4▼   간격: 4 ↵
평행 기준선: 9 ↵(간격 변경), 5▶◀   방향: 4▼
수정 – 편측수정 [k]
기준선: 10▶◀   수정할 선: 8▶◀, 9▶◀↻

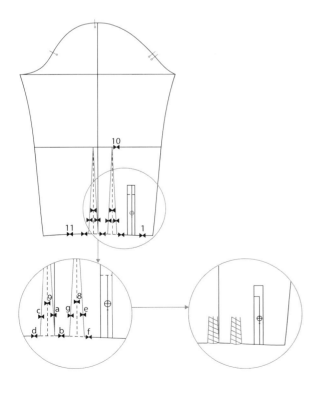

곡선수정 – 선 합치기 [rc]
합칠 곡선 지시: 1▶◀, 11▶◀↻
선의 점수: 7 ↵   설정 유무: y ↵
패턴 – 다트 – 다트 [dart]
허리선 지시: 1▶◀   다트중심선: 8▶◀
다트량: 2.5 ↵
허리선 지시: 1▶◀   다트중심선: 9▶◀
다트량: 2.5 ↵
기호 – 1기호 – 터크 접기 [tuca]
터크 길이: 6 ↵   사선 간격: 1 ↵
기준측 터크선·접한 선: a▶◀, b▶◀
상대측 터크선·접한 선: c▶◀, d▶◀
기준측 터크선·접한 선: e▶◀, f▶◀
상대측 터크선·접한 선: g▶◀, b▶◀

커프스 그리기

선의 종류 – 사각BOX [box]

폭: 24.8 ⏎   길이: 6.5 ⏎

처음 위치 1▼ (시작점 위치는 좌측 하단)

커프스 둘레: 손목둘레+여유분+겹침분

선의 종류 – 평행 [pl]

평행 기준선: 2▶◀

방향: 3▼   간격: 1.5 ⏎

기호 – 2기호 – 단추 [bt]

가로 방향   단추지름: 1.1

여유량: 0.3   단추수: 1

단추의 시작과 끝위치: 중점(Shift+F2) 4▶◀

끝점(F1) 4▶◀ 🖰

여유가 생길 방향: 5▼

삭제 – 지정삭제 [d]

기준선: 4▶◀ ⏎

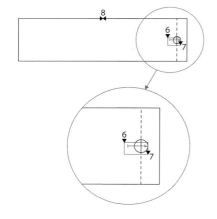

반전 – 반전 – 수직반전 [vm]

반전할 대상: 영역 내(F4) 6▼, 7▼ 🖰

단춧구멍만 선택

반전 기준점: 중점(Shift+F2) 8▶◀

수정 – 각수정 [fil]

곡선이 될 2개의 선: 9▶◀, 10▶◀

시작점: 끝점(F1) 1.5 ⏎, 9▶◀   설정 유무: y ⏎

반대쪽도 동일하게 굴려준다.

결선 표시하기

기호 – 1기호 – 평행결선 [paz]

Collar Drawing
칼라 그리기(정장형)

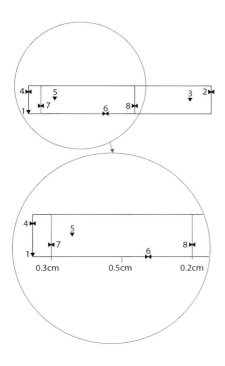

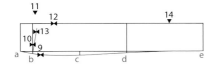

밴드칼라 그리기

선의 종류 – 사각BOX [box]
폭: 앞목둘레＋뒷목둘레 22↵
길이: 밴드 높이 3.5↵   처음 위치 1▼
선의 종류 – 평행 [pl]
평행 기준선: 2▶◀
방향: 3▼   간격: 뒷목둘레 9.2↵
평행 기준선: 1.5↵ (간격 변경) 4▶◀   방향: 5▼
수정 – 선 자르기 [c]
자를 선: 6▶◀🖱   기준선: 7▶◀
자를 선: 6▶◀🖱   기준선: 8▶◀
수정 – 길이 조정 [n]
변경할 선의 수치: 0.3↵   선의 끝점: 7▶◀🖱
변경할 선의 수치: 0.2↵   선의 끝점: 8▶◀🖱
선의 종류 – 2점선 [l]
2점 지시: 중점(Shift+F2) 6▶◀,   y-0.5↵

선의 종류 – 곡선 [crv]
점열 지시: 끝점(F1) a▶◀, b▶◀, c▶◀, d▶◀, e▶◀🖱
곡선수정 – 선 합치기 [rc]
합칠 곡선 지시: 9▶◀🖱
선의 점수: 10↵   설정 유무: s↵(선보정 후)🖱
선의 종류 – 직각선 [lq]
기준선: 9▶◀   선의 길이: 3.2↵
시작점: 10▶◀   방향: 11▼
곡선수정 – 곡선수정 – 임의수정 [str]
수정할 선의 끝점: 12▶◀   이동 후 끝점: 13▶◀
곡의 시작점: 14▼   설정 유무: y↵

삭제 – 지정삭제 [d]: 보조선 지움

선의 종류 – 2점선 [l]

2점 지시: 9▶◀, 13▶◀

곡선수정 – 선 합치기 [rc]

합칠 곡선 지시: 15▶◀🖐

선의 점수: 7⏎　설정 유무: s⏎(그림 참고)🖐

기호 – 2기호 – 단추 [bt]

가로 방향　단추지름: 1.1

여유량: 0.3　단추수: 1

단추의 시작과 끝위치: 중점(Shift+F2) 13▶◀

끝점(F1) 13▶◀🖐　여유가 생길 방향: 16▼

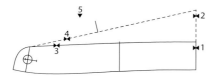

칼라 그리기

수정 – 길이 조정 [n]

변경할 선의 수치: 4⏎　선의 끝점: 1▶◀🖐

선의 종류 – 2점선 [l]

2점 지시: 2▶◀, 끝점 0.3⏎, 3▶◀

선의 종류 – 직각선 [lq]

기준선: 4▶◀　선의 길이: 1.5⏎

시작점: 비율점(Shift+F3) 0.4⏎, 4▶◀　방향: 5▼

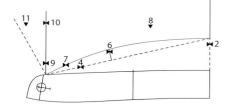

선의 종류 – 곡선 [crv]

점열 지시: 끝점(F1) 4▶◀, 6▶◀, 2▶◀🖐

곡선수정 – 선 합치기 [rc]

합칠 곡선 지시: 7▶◀🖐

선의 점수: 7⏎　설정 유무: s⏎(그림 참고)🖐

선의 종류 – 기타 – 연장선 [lt]

기준선: 2▶◀　선의 길이: 5⏎

시작점: 2▶◀　방향: 8▼

선의 종류 – 2점선 [l]

2점 지시: 7▶◀, y8⏎

회전 – 회전 – 회전량 [re]

회전할 패턴: 9▶◀🖐　회전할 중심: 9▶◀

움직일 점: 10▶◀　이동량: 4⏎　방향: 11▼

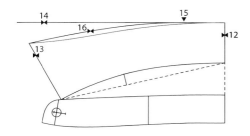

선의 종류 – 수평선 [lh]

2점 지시: 12▶◀, 13▶◀

곡선수정 – 곡선수정 – 임의수정 [str]

수정할 선의 끝점: 14▶◀   이동 후 끝점: 13▶◀

곡의 시작점: 15▼   설정 유무: y⏎

곡선수정 – 선 합치기 [rc]

합칠 곡선 지시: 16▶◀👆

선의 점수: 9⏎   설정 유무: s⏎(그림 참고)👆

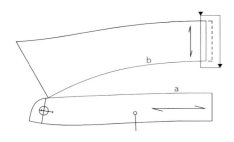

길이 및 너치 확인 후 기호 넣기

삭제 – 지정삭제 [d]

그림과 같이 보조선은 지운다.

길이의 합과 차 [m–]

제1의 선: a👆   제2의 선: b👆

수정 – 단점이동 – 좌방향 [el]

a길이와 동일하게 b길이를 수정한다.

캐주얼 셔츠 Casual Shirt

Scale 1/6

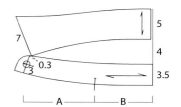

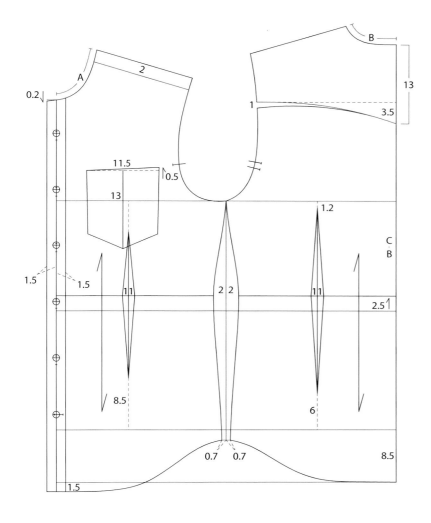

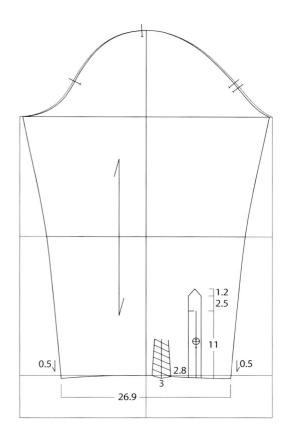

Front & Back Drawing
앞·뒤판 그리기

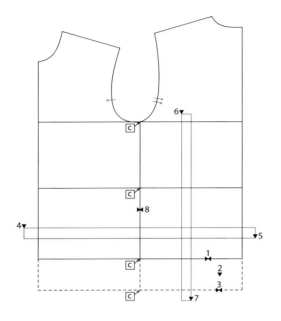

셔츠 원형 준비

셔츠길이 수정하기

선의 종류 – 평행 [pl]
평행 기준선: 1►◄
방향: 2▼   간격: 8.5↵
수정 – 편측수정 [k]
기준선: 3►◄
수정할 선: 영역교차 내(F5) 4▼, 5▼🖱
수정 – 선 자르기 [c]
자를 선: 영역교차 내(F5) 6▼, 7▼🖱
기준선: 8►◄

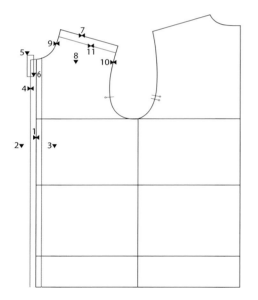

앞여밈분 및 앞뒤요크선 그리기

선의 종류 – 평행 [pl]
평행 기준선: 1►◄
방향: 2▼   간격: 1.5↵
평행 기준선: 1►◄   방향: 3▼
선의 종류 – 2점선 [l]
2점 지시: 1►◄, 끝점수치 0.2↵, 4►◄
수정 – 각결정 [km]
만나는 2개 선: 영역교차 내(F5) 5▼, 6▼🖱
선의 종류 – 평행 [pl]
평행 기준선: 7►◄   방향: 8▼   간격: 2↵
수정 – 양측수정 [b]
기준이 되는 2개의 선: 9►◄, 10►◄
수정할 선: 11►◄🖱

선의 종류 – 수평선 [lh]
2점 지시: 끝점 9.5↵ 12►◄, 13►◄
곡선수정 – 곡선수정 – 하방향 [std]
수정할 선의 끝점: 14►◄   이동량: 3.5↵
곡의 시작점: 15▼   설정 유무: y↵
수정할 선의 끝점: 16►◄   이동량: 1↵
곡의 시작점: 17▼   설정 유무: ↵
수정 – 중간수정 [j]
기준선 짝수로 지시: 16►◄, 18►◄🖱
수정할 선: 13►◄🖱

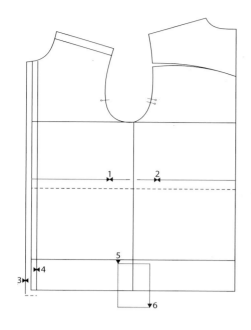

옆선과 밑단선 그리기

이동 – 이동 – 상방향 [mvu]
이동할 선: 1▶◀, 2▶◀↵   이동량: 2.5↵

수정 – 길이 조정 [n]
변경할 선의 수치: −2↵
선의 끝점: 1▶◀, 2▶◀⊙
변경할 선의 수치: 1.5↵
선의 끝점: 3▶◀⊙

선의 종류 – 수평선 [lh]
2점 지시: 3▶◀, 4▶◀

수정 – 단점이동 – 상방향 [eu]
이동할 영역: 5▼, 6▼   이동량: 7↵

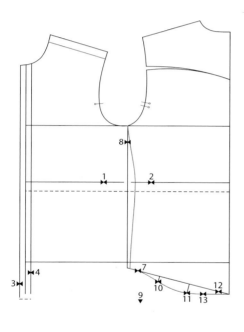

수정 – 길이 조정 [n]
변경할 선의 수치: −0.7↵
선의 끝점: 7▶◀⊙

선의 종류 – 연속선 [lc]
시작점: 끝점(F1) 8▶◀, 2▶◀, 7▶◀⊙

＊ 옆선은 허리선을 기준으로 각각 선 합치기[rc]로 곡선화시킨 후
  점의 위치를 이동하며 자연스럽게 수정한다.

선의 종류 – 직각선 [lq]
기준선: 7▶◀   선의 길이: 2.5↵
시작점: 비율점(Shift+F3) 0.6↵ 7▶◀   방향: 9▼
기준선: 7▶◀   선의 길이: 1.5↵
시작점: 비율점(Shift+F3) 0.3↵ 7▶◀   방향: 9▼

선의 종류 – 곡선 [crv]
점열 지시: 끝점(F1) 7▶◀, 10▶◀, 11▶◀, 12▶◀⊙

곡선수정 – 선 합치기 [rc]
합칠 곡선 지시: 13▶◀⊙
선의 점수: 10↵   설정 유무: s↵⊙

삭제 – 지정삭제 [d]
보조선 삭제(그림 참고)

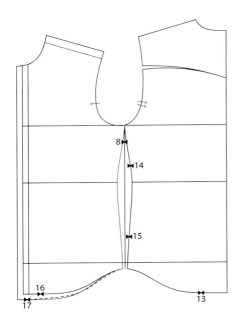

반전 – 복사반전 – 선반전 [cml]
반전할 대상: 14▶◀, 15▶◀, 13▶◀🖱
기준선: 8▶◀
곡선수정 – 유사처리 – 유사이동 [sr]
대상 지시: 16▶◀🖱
이동 후의 선: 17▶◀
곡선수정 – SS수정 [ss]
앞밑단선수정(빨간색 선 참고)

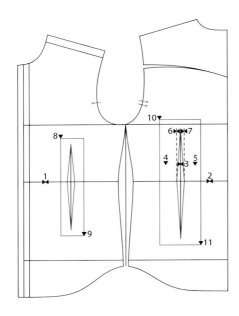

다트 그리기

선의 종류 – 2점선 [l]
2점 지시: 중점(Shift+F2) 1▶◀, y10.5↵
2점 지시: 중점(Shift+F2) 1▶◀, y-13.5↵
2점 지시: 중점(Shift+F2) 2▶◀, y14.5↵
2점 지시: 중점(Shift+F2) 2▶◀, y-16↵
선의 종류 – 평행 [pl]
평행 기준선: 3▶◀   방향: 4▼   간격: 1↵
평행 기준선: 3▶◀   방향: 5▼   간격: 1↵
곡선수정 – 유사처리 – 유사이동 [sr]
대상 지시: 6▶◀, 7▶◀🖱   이동 후의 선: 3▶◀
* 동일한 방법으로 다트선을 완성한다.
수정 – 단점이동 – 우방향 [el]
이동할 영역: 8▼, 9▼   이동량: 1↵
이동할 영역: 10▼, 11▼   이동량: -1↵

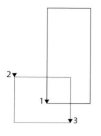

주머니 및 앞단추 그리기

선의 종류 – 사각BOX [box]

폭: 5.75 ⏎   길이: 13 ⏎

처음 위치 1▼

수정 – 단점이동 – 상방향 [eu]

이동할 영역: 2▼, 3▼   이동량: 2.5 ⏎

수정 – 단점이동 – 우방향 [er]

이동할 영역: 2▼, 3▼   이동량: 0.2 ⏎

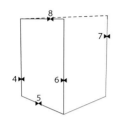

반전 – 복사반전 – 선반전 [cml]

반전할 대상: 4▶◀, 5▶◀🖰   기준선: 6▶◀

수정 – 길이 조정 [n]

변경할 선의 수치: 0.5 ⏎   선의 끝점: 7▶◀🖰

곡선수정 – 유사처리 – 유사이동 [sr]

대상 지시: 8▶◀🖰   이동 후의 선: 7▶◀

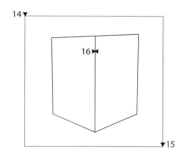

선의 종류 – 평행 [pl]

평행 기준선: 9▶◀   방향: 10▼   간격: 5 ⏎

수정 – 양측수정 [b]

기준이 되는 2개의 선: 11▶◀, 12▶◀

수정할 선: 13▶◀🖰

이동 – 복사이동 – 임의이동 [cmv]

이동할 선: 영역교차 내(F5) 14▼, 15▼🖰

이동의 방향, 거리를 2점 지시: 끝점(F1) 16▶◀,

중점(Shift+F2) 13▶◀

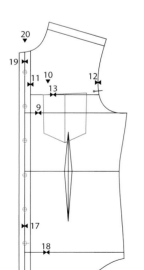

수정 – 선 자르기 [c]

자를 선: 17▶◀🖰   기준선: 18▶◀

기호 – 2기호 – 단추 [bt]

세로 방향   단추지름: 1.1

여유량: 0.2   단추수: 6

단추의 시작과 끝위치: 5.5 ⏎ 19▶◀, 2.5 ⏎ 17▶◀🖰

여유가 생길 방향: 20▼

* 마지막 단추 방향은 가로 방향으로 수정한다.

Sleeve Drawing
소매 그리기

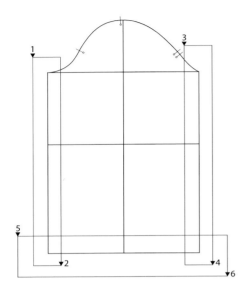

셔츠소매 원형 준비

소매통과 커프스분량 줄이기

수정 – 단점이동 – 우방향 [er]
이동할 영역: 1▼, 2▼
이동량: 0.5⏎
이동할 영역: 3▼, 4▼
이동량: −0.5⏎
수정 – 단점이동 – 상방향 [eu]
이동할 영역: 5▼, 6▼
이동량: 7⏎

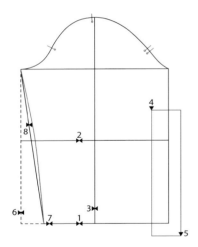

소맷부리폭 조정하기

수정 – 선 자르기 [c]
자를 선: 1▶◀, 2▶◀👆   기준선: 3▶◀
삭제 – 지정삭제 [d]
기준선: 영역교차 내(F5) 4▼, 5▼👆
수정 – 선수정 [cl]
원하는 길이의 수치: 13.5⏎
원하는 선: 1▶◀👆
수정 – 유사처리 – 유사이동 [sr]
대상선: 6▶◀👆   이동 후: 7▶◀
곡선수정 – 선 합치기 [rc]
합칠 곡선 지시: 8▶◀👆   선의 점수: 7⏎
설정 유무: s⏎👆(빨간색 선 참고)

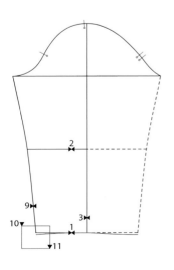

수정 – 단점이동 – 하방향 [ed]
이동할 영역: 10▼, 11▼   이동량: 0.5⏎
곡선수정 – 선 합치기 [rc]
합칠 곡선 지시: 1▶◀👆   선의 점수: 7⏎
설정 유무: s⏎👆(빨간색 선 참고)
반전 – 복사반전 – 선반전 [cml]
반전할 대상: 2▶◀, 9▶◀, 1▶◀👆
기준선: 3▶◀
곡선수정 – SS수정 [ss]
반대편 밑단선수정(빨간색 선 참고)

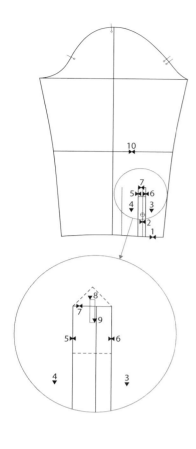

트임단 및 턱 위치 그리기

선의 종류 – 2점선 [l]

2점 지시: 끝점 5.5 ↵ 1▶◀, y13.5 ↵

선의 종류 – 평행 [pl]

평행 기준선: 2▶◀

방향: 3▼   간격: 0.8 ↵

평행 기준선: 1.2 ↵ (간격 변경), 2▶◀   방향: 4▼

선의 종류 – 2점선 [l]

2점 지시: 5▶◀, 6▶◀

기호 – 1기호 – 스티치 [st]

대상선: 7▶◀   방향: 3▼   간격: 2.5 ↵

수정 – 선 자르기 [c]

자를 선: 7▶◀🖰   기준선: 중점(Shift+F2) 7▶◀

수정 – 단점이동 – 상방향 [eu]

이동할 영역: 8▼, 9▼   이동량: 1.2 ↵

기호 – 2기호 – 단추 [bt]

세로 방향   단추지름: 1.1

여유량: 0.3   단추수: 1

단추의 시작과 끝위치: 5.5 ↵ 2▶◀, 0 ↵ 2▶◀🖰

여유가 생길 방향: 3▼

선의 종류 – 평행 [pl]

평행 기준선: 2▶◀   방향: 4▼   간격: 5.5 ↵

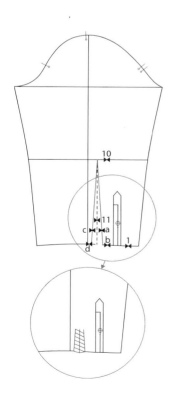

수정 – 편측수정 [k]

기준선: 10▶◀

수정할 선: 11▶◀🖰

패턴 – 다트 – 다트 [dart]

허리선 지시: 1▶◀

다트중심선: 11▶◀

다트량: 3 ↵

기호 – 1기호 – 터크 접기 [tuca]

터크 길이: 6 ↵   사선 간격: 1 ↵

기준측 터크선·접한 선: a▶◀, b▶◀

상대측 터크선·접한 선: c▶◀, d▶◀

커프스 그리기

선의 종류 – 사각BOX [box]
폭: 24.8 ↵   길이: 7 ↵
처음 위치 1▼(시작점 위치는 좌측 하단)
선의 종류 – 평행 [pl]
평행 기준선: 2▶◀
방향: 3▼   간격: 1.5 ↵
기호 – 2기호 – 단추 [bt]
가로 방향   단추지름: 1.1
여유량: 0.3   단추수: 1
단추의 시작과 끝위치: 중점(Shift+F2) 4▶◀
끝점(F1) 4▶◀👆
여유가 생길 방향: 5▼
삭제 – 지정삭제 [d]
기준선: 4▶◀ ↵

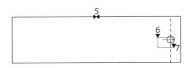

반전 – 반전 – 수직반전 [vm]
반전할 대상: 영역 내(F4) 6▼, 7▼👆
        (단춧구멍 선택)
반전 기준점: 중점(Shift+F2) 5▶◀

수정 – 길이 조정 [n]
변경할 선의 수치: -1.5 ↵
선의 끝점: 8▶◀, 9▶◀👆
선의 종류 – 2점선 [l]
2점 지시: 8▶◀, 9▶◀
반대쪽도 동일하게 실행한다.

결선 표시하기

기호 – 1기호 – 평행결선 [paz]

Collar Drawing
칼라 그리기(캐주얼형)

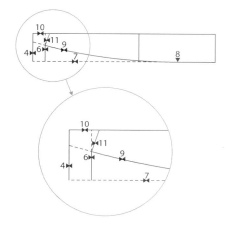

밴드칼라 그리기

선의 종류 – 사각BOX [box]
폭: (앞목둘레＋뒷목둘레) 22⏎
길이: (밴드높이) 3.5⏎
처음 위치 1▼ (시작점 위치는 좌측 하단)

선의 종류 – 평행 [pl]
평행 기준선: 2▶◀
방향: 3▼   간격: (뒷목둘레) 9.2⏎
평행 기준선: 1.5⏎(간격 변경) 4▶◀   방향: 5▼

수정 – 선수정 [cl]
원하는 길이의 수치: 2⏎ 원하는 선: 6▶◀🖱

곡선수정 – 곡선수정 – 임의수정 [str]
수정할 선의 끝점: 7▶◀   이동 후 끝점: 6▶◀
곡의 시작점: 8▼   설정 유무: y⏎

선의 종류 – 2점선 [l]
2점 지시: 9▶◀, 끝점 2⏎, 10▶◀

수정 – 선수정 [cl]
원하는 길이의 수치: 3⏎ 원하는 선: 11▶◀🖱

수정 – 편측수정 [k]
기준선: 4▶◀   수정할 선: 9▶◀🖱

선의 종류 – 평행 [pl]
평행 기준선: 9▶◀   방향: 12▼   간격: 3.5⏎

곡선수정 – 곡선수정 – 임의수정 [str]
수정할 선의 끝점: 13▶◀   이동 후 끝점: 11▶◀
곡의 시작점: 12▼   설정 유무: y⏎

선의 종류 – 2점선 [l]
2점 지시: 9▶◀, 11▶◀

곡선수정 – 선 합치기 [rc]
합칠 곡선 지시: 14▶◀🖱
선의 점수: 7⏎   설정 유무: s⏎(그림 참고)🖱

삭제 – 지정삭제 [d]
그림과 같이 보조선은 지운다.

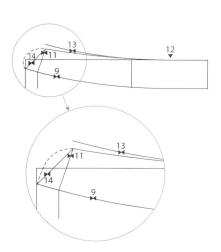

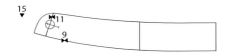

기호 – 2기호 – 단추 [bt]
가로 방향   단추지름: 1.1
여유량: 0.3   단추수: 1
단추의 시작과 끝위치: 중점(Shift+F2) 11▶◀
끝점(F1) 11▶◀👆
여유가 생길 방향: 15▼

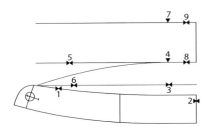

칼라 그리기

선의 종류 – 수평선 [lh]
2점 지시: 끝점(F1) 0.3↵, 1▶◀, 2▶◀
선의 종류 – 평행 [pl]
평행 기준선: 3▶◀
방향: 4▼   간격: 2.8↵
평행 기준선: 5▶◀
간격: 5↵   방향: 7▼
선의 종류 – 2점선 [l]
2점 지시: 8▶◀, 9▶◀
곡선수정 – 곡선수정 – 임의수정 [str]
수정할 선의 끝점: 5▶◀   이동 후 끝점: 6▶◀
곡의 시작점: 4▼   설정 유무: y↵

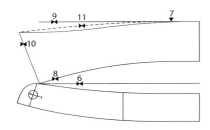

선의 종류 – 2점선 [l]
2점 지시: 8▶◀, 끝점(F1) x-2.5 y6.5↵
곡선수정 – 곡선수정 – 임의수정 [str]
수정할 선의 끝점: 9▶◀   이동 후 끝점: 10▶◀
곡의 시작점: 7▼   설정 유무: y↵
곡선수정 – 선 합치기 [rc]
합칠 곡선 지시: 11▶◀👆
선의 점수: 8↵   설정 유무: s↵(그림 참고)👆

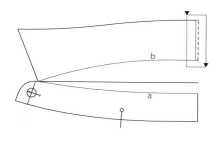

길이 및 너치 확인 후 기호 넣기

삭제 - 지정삭제 [d]

그림과 같이 보조선은 지운다.

길이의 합과 차 [m-]

제1의 선: a◐   제2의 선: b◐

수정 - 단점이동 - 좌방향 [el]

a길이와 동일하게 b길이를 수정한다.

디자인 패턴-베스트

Design
pattern
vest

베스트 원형 Vest Sloper

제도에 필요한 치수

필요 항목	인체 참고 치수
키(Stature)	175cm
가슴둘레(Chest Circumference)=C	96cm
허리둘레(Waist Circumference)=W	82cm
엉덩이둘레(Hip Circumference)=H	96cm
목둘레(Neck Circumference)=N	39cm
어깨사이길이(Biacromion Length)=S	38cm
등길이(Waist Back Length)	44cm

패턴 제도 시 가슴둘레는 C, 허리둘레는 W, 엉덩이둘레는 H, 목둘레는 N, 어깨사이길이는 S를 약자로 사용한다.

계산 치수

계산 항목	계산 치수
가슴둘레 여유분	1/2가슴둘레+2.5cm
앞가슴둘레 여유분	1/4가슴둘레+1.25cm
뒤가슴둘레 여유분	1/4가슴둘레+1.25cm
진동깊이	1/7.5키+4cm
앞품 여유분	1/10가슴둘레×2-1cm
옆품 여유분	1/10가슴둘레+1cm+3.5cm
등품 여유분	1/10가슴둘레×2-1cm
뒷목너비	(목둘레+2cm)/5-0.5cm
앞목너비	뒷목너비와 동일
앞목깊이	뒷목너비와 동일
엉덩이옆길이	1/9키

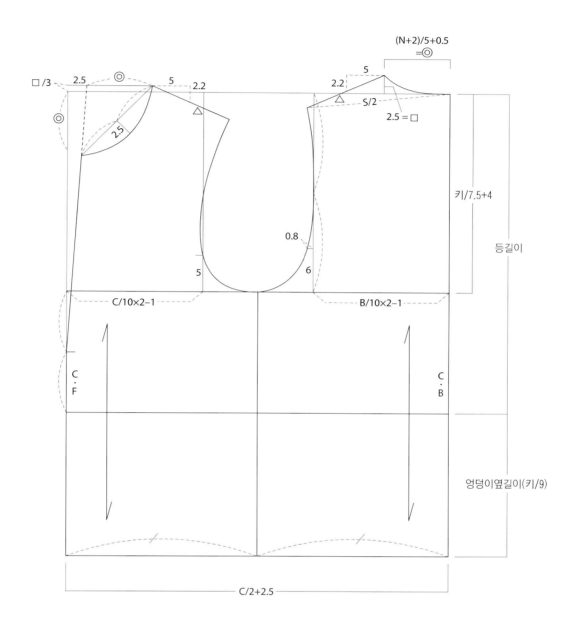

Scale 1/5

(N+2)/5+0.5
=◎

□/3   2.5   ◎   5   2.2   2.2   5

◎   S/2

2.5   △   △   2.5 = □

2.5

키/7.5+4

0.8

5   5   6

등길이

C/10×2−1   B/10×2−1

C·F   C·B

엉덩이옆길이(키/9)

C/2+2.5

Base line Drawing
기초선 그리기

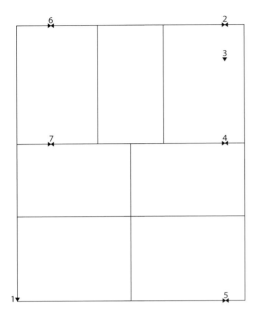

앞·뒤판 기초선 그리기

선의 종류 – 사각BOX [box]
폭: 50.6 ↵   길이: 63.5 ↵
처음 위치: 1▼ (시작점 위치는 좌측 하단)
선의 종류 – 평행 [pl]
평행 기준선: 2▶◀
방향: 3▼   간격: 27.3 ↵
평행 기준선: 44↵(간격 변경) 2▶◀
방향: 3▼
선의 종류 – 수직선 [lv]
2점 지시: 중점(Shift+F2) 4▶◀, 5▶◀
2점 지시: 끝점(F1) 18↵ 2▶◀, 4▶◀
                    6▶◀, 7▶◀

Back Drawing
뒤판 그리기

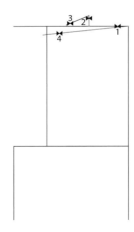

뒷목둘레선 및 어깨선 그리기

선의 종류 – 2점선 [l]
2점 지시: 끝점 8.7↵ 1▶◀, y2.5↵
시작점: 2▶◀, x–5 y–2.2↵🖰
선의 종류 – 기타 – 접선 [ld]
시작점: 끝점 1▶◀
접할 선: 3▶◀   선의 길이: 19↵
수정 – 편측수정 [k]
기준선: 4▶◀   수정할 선: 3▶◀🖰

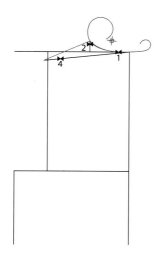

곡선수정 – 암홀곡자 [rd]

곡선검색리스트 – DCURVE🖱

마우스와 휠을 이용하여 원하는 위치에 놓는다.

🖱(팝업메뉴) – 곡선작성🖱: 2▶◀, 1▶◀

이동할 점: 점을 옮기며 선을 수정한다. 🖱

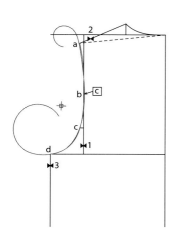

뒤암홀 그리기

수정 – 선 자르기 [c]

자를 선: 1▶◀🖱   기준선: 중점(Shift+F2) 1▶◀🖱

선의 종류 – 2점선 [l]

2점 지시: 끝점 6⏎ 1▶◀, x-0.8⏎

곡선수정 – 암홀곡자 [rd]

곡선검색리스트 – DCURVE🖱

마우스와 휠을 이용하여 a, b, c, d점을 통과하는 위치에 놓는다.

🖱(팝업메뉴) – 곡선작성🖱: 2▶◀, 3▶◀

이동할 점: 점을 옮기며 선을 수정한다. 🖱

Front Drawing
앞판 그리기

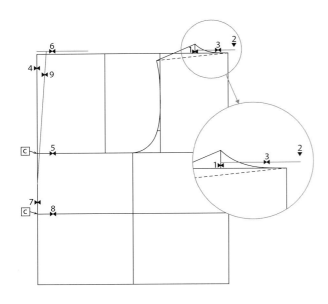

옆목점 및 어깨선 그리기

선의 종류 – 수평선 [lh]
2점 지시: 비율점(Shift+F3) 0.333⏎ 1▶◀,
　　　　　임의점(F2) 2▼

이동 – 이동 – 2점 방향 [mv]
이동할 선: 3▶◀👆
이동 방향, 거리를 2점 지시: 끝점(F1) 1▶◀, 4▶◀

수정 – 선 자르기 [c]
자를 선: 7▶◀👆　기준선: 5▶◀
자를 선: 7▶◀👆　기준선: 8▶◀

선의 종류 – 2점선 [l]
2점 지시: 끝점 2.5⏎ 6▶◀, 중점(Shift+F2) 7▶◀

수정 – 각결정 [km]
만나는 2개 선: 6▶◀, 9▶◀

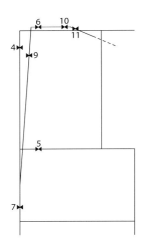

수정 – 선수정 [cl]
원하는 길이의 수치: 8.7⏎
원하는 선: 6▶◀👆

선의 종류 – 2점선 [l]
2점 지시: 10▶◀, x5 y-2.2⏎

수정 – 선수정 [cl]
원하는 길이의 수치: 11.14⏎
원하는 선: 11▶◀👆

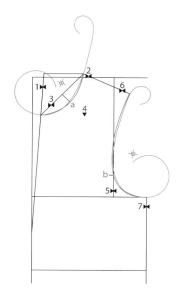

앞목둘레 및 앞암홀 그리기

선의 종류 – 2점선 [I]

2점 지시: 2▶◀, 끝점 9.55↵ 1▶◀

선의 종류 – 직각선 [Iq]

기준선: 3▶◀   선의 길이: 2.5↵

시작점: 중점(Shift+F2) 3▶◀   방향: 4▼

곡선수정 – 암홀곡자 [rd]

곡선검색리스트 – DCURVE🖱

마우스와 휠을 이용하여 a점을 통과하는 위치에 놓는다.

🖱(팝업메뉴) – 곡선작성🖱: 2▶◀, 3▶◀

이동할 점: 점을 옮기며 선을 수정한다. 🖱

선의 종류 – 2점선 [I]

2점 지시: 끝점 5↵ 5▶◀, x-1↵

곡선수정 – 암홀곡자 [rd]

곡선검색리스트 – DCURVE🖱

마우스와 휠을 이용하여 b점을 통과하는 위치에 놓는다.

🖱(팝업메뉴) – 곡선작성🖱: 6▶◀, 7▶◀

이동할 점: 점을 옮기며 선을 수정한다. 🖱

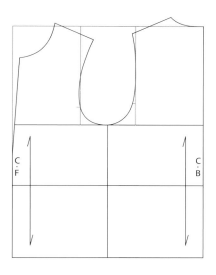

기호·문자 넣기

보조선을 삭제한 후, 기호·문자를 넣는다.

더블 3버튼 베스트 Double breasted three buttons Vest

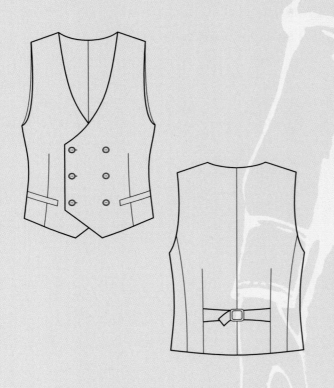

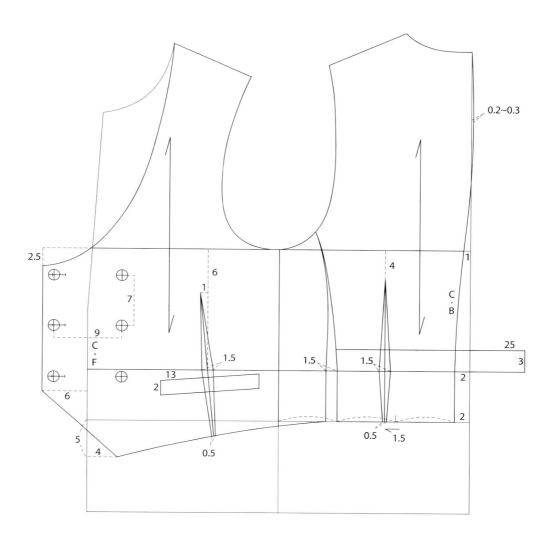

Front & Back Drawing
앞·뒤판 그리기

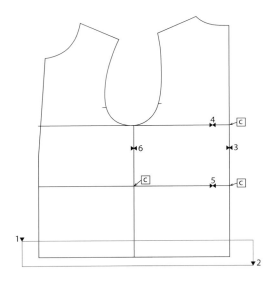

베스트 원형 준비

길이 조정하기

수정 – 단점이동 – 상방향 [eu]
이동할 영역: 1▼, 2▼   이동량: 12.5↵
수정 – 선 자르기 [c]
자를 선: 3▶◀🖱   기준선: 4▶◀
자를 선: 3▶◀🖱   기준선: 5▶◀
자를 선: 5▶◀🖱   기준선: 6▶◀

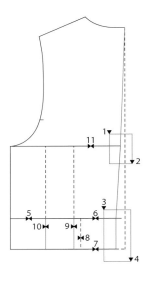

뒤판 그리기

수정 – 단점이동 – 좌방향 [el]
이동할 영역: 1▼, 2▼   이동량: 1↵
이동할 영역: 3▼, 4▼   이동량: 2↵
선의 종류 – 수직선 [lv]
2점 지시: 비율점(Shift+F3) 0.333↵
        5▶◀, 7▶◀   6▶◀, 7▶◀
이동 – 이동 – 좌방향 [mvl]
이동할 선: 8▶◀↵   이동량: 1.5↵
선의 종류 – 수직선 [lv]
2점 지시: 9▶◀, 11▶◀   10▶◀, 11▶◀

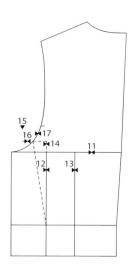

수정 – 길이 조정 [n]
변경할 선의 수치: 2.5⏎   선의 끝점: 12▶◀🖰
변경할 선의 수치: -4⏎   선의 끝점: 13▶◀🖰
선의 종류 – 수평선 [lh]
2점 지시: 14▶◀, 임의점(F2) 15▶◀
곡선수정 – 유사처리 – 유사이동 [sr]
대상 지시: 12▶◀🖰
이동 후의 선: 교점(Shift+F1) 16▶◀, 17▶◀

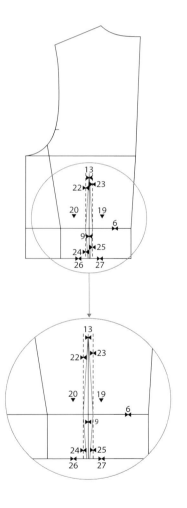

선의 종류 – 평행 [pl]
평행 기준선: 9▶◀
방향: 19▼   간격: 0.75⏎
평행 기준선: 9▶◀   방향: 20▼
평행 기준선: 13▶◀   방향: 19▼
평행 기준선: 13▶◀   방향: 20▼
곡선수정 – 유사처리 – 유사이동 [sr]
대상 지시: 22▶◀, 23▶◀🖰
이동 후의 선: 13▶◀
수정 – 선 자르기 [c]
자를 선: 27▶◀🖰   기준선: 9▶◀
곡선수정 – 유사처리 – 유사이동 [sr]
대상 지시: 24▶◀🖰   이동 후의 선: 끝점 0.25⏎, 26▶◀
대상 지시: 25▶◀🖰   이동 후의 선: 27▶◀

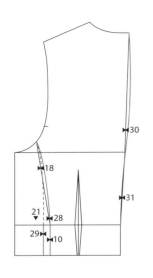

선의 종류 – 평행 [pl]
평행 기준선: 10▶◀
방향: 21▼　간격: 1.5⏎
곡선수정 – 선 합치기 [rc]
합칠 곡선 지시: 18▶◀🖐
선의 점수: 8⏎　설정 유무: s(수정: 그림 참고)⏎
곡선수정 – 유사처리 – 복사이동 [csr]
대상 지시: 28▶◀🖐
이동 후의 선: 29▶◀
곡선수정 – SS수정 [ss]
완만한 곡선으로 수정(그림 참고)
곡선수정 – 선 합치기 [rc]
합칠 곡선 지시: 30▶◀, 31▶◀🖐
선의 점수: 9⏎　설정 유무: s(수정: 그림 참고)⏎

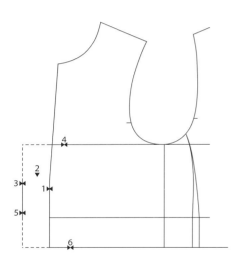

앞판 그리기

선의 종류 – 평행 [pl]
평행 기준선: 1▶◀
방향: 2▼　간격: 6⏎
수정 – 각결정 [km]
만나는 2개 선: 3▶◀, 4▶◀
만나는 2개 선: 5▶◀, 6▶◀

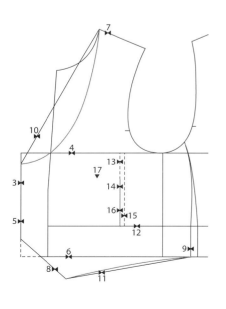

선의 종류 – 2점선 [l]
2점 지시: 7▶◀, 끝점수치 2.5⏎, 3▶◀
2점 지시: 끝점수치 4⏎, 5▶◀, x10 y-9⏎
2점 지시: 끝점수치 0⏎, 8▶◀, 9▶◀
수정 – 편측수정 [k]
기준선: 8▶◀　수정할 선: 5▶◀, 6▶◀🖐
기준선: 10▶◀　수정할 선: 3▶◀, 4▶◀🖐
곡선수정 – 선 합치기 [rc]
합칠 곡선 지시: 10▶◀🖐
선의 점수: 8⏎　설정 유무: s(수정: 그림 참고)⏎
합칠 곡선 지시: 11▶◀🖐
선의 점수: 6⏎　설정 유무: s(수정: 그림 참고)⏎

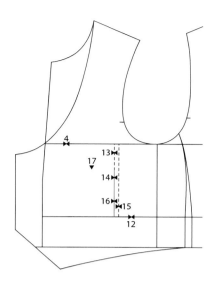

선의 종류 – 수직선 [lv]

2점 지시: 비율점(Shift+F3) 0.333⏎, 12▶◀, 4▶◀

이동 – 이동 – [mvl]

이동할 선: 15▶◀⏎   이동량: 1⏎

수정 – 길이 조정 [n]

변경할 선의 수치: −6⏎

선의 끝점: 13▶◀👆

회전 – 회전 – 회전량 [re]

회전할 패턴: 16▶◀👆

회전할 중심: 16▶◀   움직일 점: 14▶◀

이동량: 1⏎   방향: 17▼

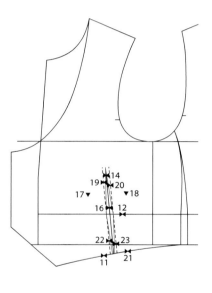

수정 – 편측수정 [k]

기준선: 11▶◀   수정할 선: 16▶◀👆

선의 종류 – 평행 [pl]

평행 기준선: 16▶◀

방향: 17▼   간격: 0.75⏎

평행 기준선: 16▶◀

방향: 18▼   간격: 0.75⏎

수정 – 선 자르기 [c]

자를 선: 19▶◀, 16▶◀, 20▶◀👆   기준선: 12▶◀

자를 선: 11▶◀👆   기준선: 16▶◀

곡선수정 – 유사처리 – 유사이동 [sr]

대상 지시: 19▶◀, 20▶◀👆   이동 후의 선: 14▶◀

대상 지시: 22▶◀👆 이동 후의 선: 끝점 0.25⏎, 11▶◀

대상 지시: 23▶◀👆 이동 후의 선: 21▶◀

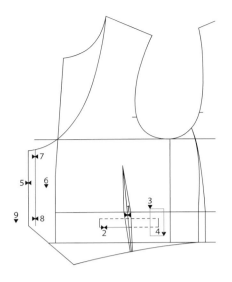

웰트포켓 및 앞단추 위치 그리기

선의 종류 – 수평선 [lh]
2점 지시: 끝점 3.5⏎, 1▶◀, x-6.5⏎
선의 종류 – 사각BOX [box]
폭: 13⏎   길이: 2⏎
처음 위치: 끝점(F1), 2▶◀
수정 – 단점이동 – 상방향 [eu]
이동할 영역: 3▼, 4▼   이동량: 1⏎
선의 종류 – 평행 [pl]
평행 기준선: 5▶◀
방향: 6▼   간격: 1.5⏎
기호 – 2기호 – 단추 [bt]
가로 방향   단추지름: 1.5
여유량: 0.2   단추수: 3
단추의 시작과 끝위치: 1.2⏎ 7▶◀, 2⏎ 8▶◀🖱
여유가 생길 방향: 9▼
삭제 – 지정삭제 [d]
기준선: 8▶◀⏎

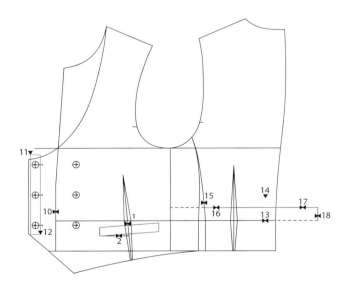

반전 – 복사반전 – 선반전 [cml]
반전할 대상: 영역 내(F4) 11▼, 12▼🖱
기준선: 10▶◀
선의 종류 – 평행 [pl]
평행 기준선: 13▶◀
방향: 14▼   간격: 3⏎
수정 – 편측수정 [k]
기준선: 15▶◀   수정할 선: 16▶◀🖱
수정 – 선수정 [cl]
원하는 길이의 수치: 25⏎
원하는 선: 16▶◀🖱
선의 종류 – 수직선 [lv]
2점 지시: 17▶◀, 13▶◀
수정 – 편측수정 [k]
기준선: 18▶◀   수정할 선: 13▶◀🖱

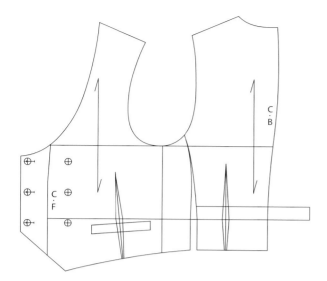

기호·문자 넣기

보조선을 삭제한 후 기호·문자를 넣는다.

테일러드 칼라 베스트 Tailored collar Vest

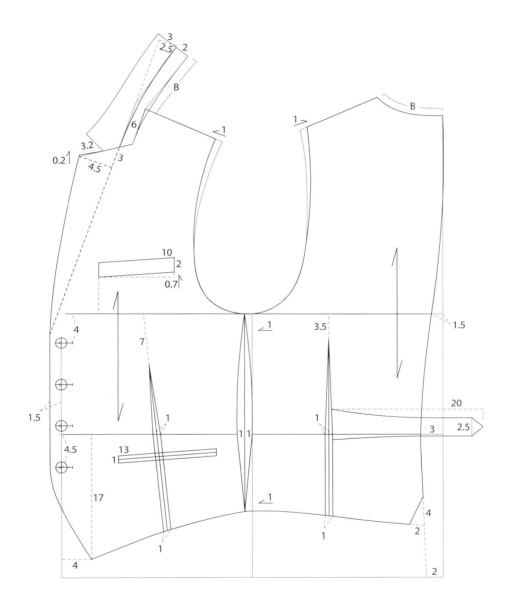

Front & Back Drawing

앞·뒤판 그리기

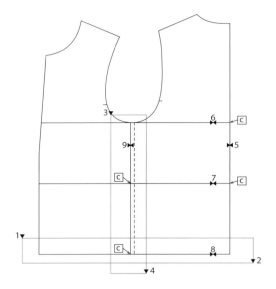

베스트 원형 준비

길이 수정하기

수정 – 단점이동 – 상방향 [eu]
이동할 영역: 1▼, 2▼   이동량: 7↵
이동 – 이동 – 좌방향 [mvl]
이동할 선: 영역 내(F4) 3▼, 4▼⌖   이동량: 1↵
수정 – 선 자르기 [c]
자를 선: 5▶⌖   기준선: 6▶◀
자를 선: 5▶⌖   기준선: 7▶◀
자를 선: 7▶◀, 8▶◀⌖   기준선: 9▶◀

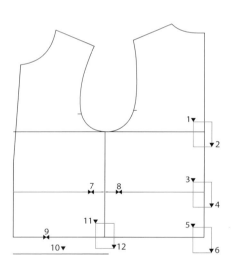

앞뒤 외곽라인 보조선 및 다트 보조선 그리기

수정 – 단점이동 – 좌방향 [el]
이동할 영역: 1▼, 2▼   이동량: 1.5↵
이동할 영역: 3▼, 4▼   이동량: 3↵
이동할 영역: 5▼, 6▼   이동량: 2.5↵
수정 – 길이 조정 [n]
변경할 선의 수치: –1↵
선의 끝점: 7▶◀, 8▶◀⌖
선의 종류 – 평행 [pl]
평행 기준선: 9▶◀
방향: 10▼   간격: 4.5↵
수정 – 단점이동 – 상방향 [eu]
이동할 영역: 11▼, 12▼   이동량: 2↵

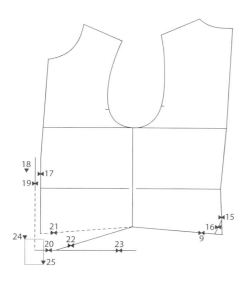

선의 종류 – 2점선 [l]
2점 지시: 끝점수치 2↵, 9▶◀   수치변경 4↵, 15▶◀
수정 – 편측수정 [k]
기준선: 16▶◀   수정할 선: 9▶◀, 15▶◀🖱
선의 종류 – 평행 [pl]
평행 기준선: 17▶◀
방향: 18▼   간격: 1.5↵
수정 – 각결정 [km]
만나는 2개 선: 19▶◀, 20▶◀
곡선수정 – 유사처리 – 유사이동 [sr]
대상 지시: 21▶◀🖱
이동 후의 선: 끝점 5.5↵, 20▶◀
수정 – 편측수정 [k]
기준선: 22▶◀   수정할 선: 23▶◀🖱
수정 – 단점이동 – 상방향 [eu]
이동할 영역: 24▼, 25▼   이동량: 12.5↵

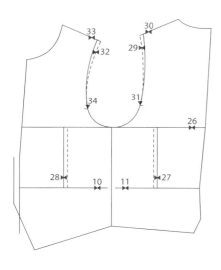

선의 종류 – 수직선 [lv]
2점 지시: 중점(Shift+F2) 11▶◀, 26▶◀
2점 지시: 중점(Shift+F2) 10▶◀, 26▶◀
이동 – 이동 – 좌방향 [mvl]
이동할 선: 27▶◀↵   이동량: 1↵
이동할 선: 28▶◀↵   이동량: –1↵
수정 – 길이 조정 [n]
변경할 선의 수치: 1↵
선의 끝점: 30▶◀, 33▶◀🖱
곡선수정 – 곡선수정 – 임의수정 [str]
수정할 선의 끝점: 29▶◀   이동 후 끝점: 30▶◀
곡의 시작점: 31▼   설정 유무: y↵
수정할 선의 끝점: 32▶◀   이동 후 끝점: 33▶◀
곡의 시작점: 34▼   설정 유무: y↵

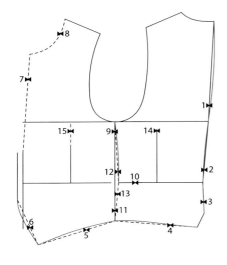

앞뒤 외곽라인 및 다트 그리기

곡선수정 – 선 합치기 [rc]

합칠 곡선 지시: 1▶◀, 2▶◀, 3▶◀👆

선의 점수: 11⏎   설정 유무: s(수정: 그림 참고)⏎

합칠 곡선 지시: 4▶◀👆

선의 점수: 6⏎   설정 유무: s(수정: 그림 참고)⏎

합칠 곡선 지시: 5▶◀👆

선의 점수: 6⏎   설정 유무: s(수정: 그림 참고)⏎

합칠 곡선 지시: 6▶◀👆

선의 점수: 8⏎   설정 유무: s(수정: 그림 참고)⏎

삭제 – 지정삭제 [d]

기준선: 7▶◀, 8▶◀⏎

선의 종류 – 연속선 [lc]

시작점: 끝점(F1) 9▶◀, 10▶◀, 11▶◀

곡선수정 – 선 합치기 [rc]

합칠 곡선 지시: 12▶◀👆

선의 점수: 6⏎   설정 유무: s(수정: 그림 참고)⏎

반전 – 복사반전 – 선반전 [cml]

반전할 대상: 12▶◀, 13▶◀👆   기준선: 9▶◀

수정 – 길이 조정 [n]

변경할 선의 수치: –3.5⏎   선의 끝점: 14▶◀👆

변경할 선의 수치: –7⏎   선의 끝점: 15▶◀👆

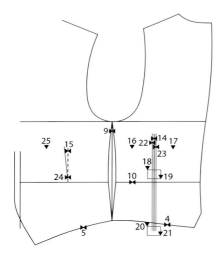

선의 종류 – 평행 [pl]

평행 기준선: 14▶◀

방향: 16▼   간격: 0.5⏎

평행 기준선: 14▶◀   방향: 17▼

반전 – 복사반전 – 선반전 [cml]

반전할 대상: 영역교차 내(F5) 18▼, 19▼👆

기준선: 10▶◀

수정 – 편측수정 [k]

기준선: 4▶◀   수정할 선: 20▼, 21▼👆

곡선수정 – 유사처리 – 유사이동 [sr]

대상 지시: 22▶◀, 23▶◀👆   이동 후의 선: 14▶◀

회전 – 회전 – 회전량 [re]

회전할 패턴: 24▶◀

회전할 중심: 24▶◀   움직일 점: 15▶◀

이동량: 1⏎   방향: 25▼

수정 – 편측수정 [k]

기준선: 5▶◀   수정할 선: 24▶◀👆

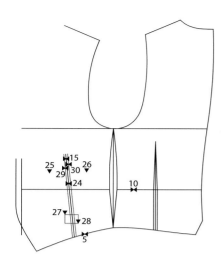

선의 종류 – 평행 [pl]

평행 기준선: 24▶◀

방향: 25▼   간격: 0.5↵

평행 기준선: 24▶◀

방향: 26▼

수정 – 선 자르기 [c]

자를 선: 영역교차 내(F5) 27▼, 28▼👆

기준선: 10▶◀

수정 – 유사처리 – 유사이동 [sr]

대상선: 29▶◀, 30▶◀👆

이동 후: 15▶◀

라펠 그리기

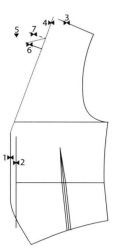

수정 – 길이 조정 [n]

변경할 선의 수치: 5.5↵

선의 끝점: 1▶◀👆

변경할 선의 수치: 4.3↵

선의 끝점: 2▶◀👆

선의 종류 – 2점선 [l]

2점 지시: 1▶◀, 끝점수치 −1.5↵ 3▶◀

선의 종류 – 직각선 [lq]

기준선: 4▶◀   선의 길이: 4.5↵

시작점: 끝점수치 9.2↵, 4▶◀

방향: 5▼

선의 종류 – 평행 [pl]

평행 기준선: 6▶◀

방향: 5▼   간격: 3↵

수정 – 유사처리 – 유사이동 [sr]

대상선: 7▶◀👆

이동 후: 6▶◀

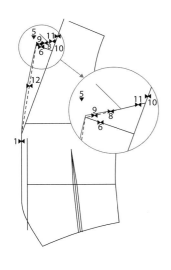

수정 – 선 자르기 [c]
자를 선: 8▶◀🖱   기준선: 끝점(F1) 3.2↵, 8▶◀

회전 – 복사회전 – 회전량 [cre]
회전할 패턴: 8▶◀🖱
회전할 중심: 8▶◀   움직일 점: 9▶◀
이동량: 3.2↵   방향: 5▼

회전 – 회전 – 회전량 [re]
회전할 패턴: 8▶◀🖱
회전할 중심: 8▶◀   움직일 점: 9▶◀
이동량: 0.2↵   방향: 5▼

수정 – 선 자르기 [c]
자를 선: 10▶◀ , 11▶◀🖱

선의 종류 – 2점선 [l]
2점 지시: 1▶◀, 9▶◀

곡선수정 – 선 합치기 [rc]
합칠 곡선 지시: 12▶◀🖱
선의 점수: 6↵   설정 유무: s(수정: 그림 참고)↵

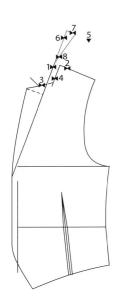

칼라 그리기

복사이동 – 복사이동 – 2점 방향 [cmv]
이동할 선: 1▶◀🖱
이동 방향, 거리를 2점 지시: 끝점(F1) 1▶◀, 2▶◀

수정 – 각결정 [km]
만나는 2개 선: 3▶◀, 4▶◀

선의 종류 – 기타 – 연장선 [lt]
기준선: 1▶◀   선의 길이: 9.4↵
시작점 지시: 1▶◀   방향: 5▼

선의 종류 – 직각선 [lq]
기준선: 6▶◀   선의 길이: 2.5↵
시작점: 6▶◀   방향: 5▼

선의 종류 – 2점선 [l]
2점 지시: 1▶◀, 7▶◀

수정 – 선수정 [cl]
원하는 길이의 수치: 9.4↵
원하는 선: 8▶◀🖱

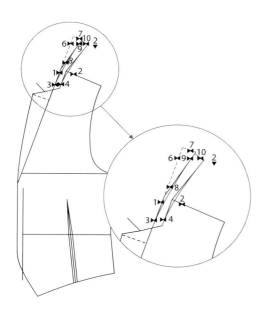

선의 종류 - 직각선 [lq]

기준선: 9▸◂   선의 길이: 2↵

시작점: 9▸◂   방향: 2▼

선의 종류 - 2점선 [l]

2점 지시: 2▸◂, 10▸◂

선의 종류 - 곡선 [crv]

점열 지시: 끝점(F1) 4▸◂,
            수치 0.5↵ 2▸◂, 수치 0↵ 10▸◂🖑

점열 지시: 끝점(F1) 3▸◂, 수치 -1↵ 2▸◂,
            수치 0↵ 9▸◂🖑

삭제 - 지정삭제 [d]

기준선: 6▸◂, 7▸◂↵

수정 - 선수정 [cl]

원하는 길이의 수치: 5↵

원하는 선: 10▸◂🖑

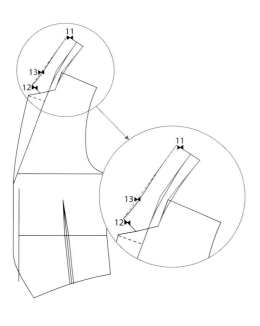

선의 종류 - 2점선 [l]

2점 지시: 11▸◂, 12▸◂

곡선수정 - 선 합치기 [rc]

합칠 곡선 지시: 13▸◂🖑

선의 점수: 8↵

설정 유무: s(수정: 그림 참고)↵🖑

삭제 - 지정삭제 [d]

보조선 삭제

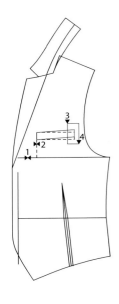

포켓 그리기

선의 종류 – 2점선 [l]

2점 지시: 끝점수치 5⏎, 1▶◀, y5⏎

선의 종류 – 사각BOX [box]

폭: 10⏎

길이: 2⏎

처음 위치: 끝점(F1), 2▶◀

수정 – 단점이동 – 상방향 [eu]

이동할 영역: 3▼, 4▼

이동량: 1⏎

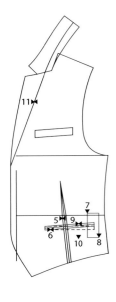

선의 종류 – 수평선 [lh]

2점 지시: 끝점 4⏎, 5▶◀, x-5⏎

선의 종류 – 사각BOX [box]

폭: 13⏎   길이: 1⏎

처음 위치: 끝점(F1), 6▶◀

수정 – 단점이동 – 상방향 [eu]

이동할 영역: 7▼, 8▼

이동량: 1⏎

선의 종류 – 평행 [pl]

평행 기준선: 9▶◀

방향: 10▼

간격: 0.5⏎

삭제 – 지정삭제 [d]

기준선: 11▶◀⏎

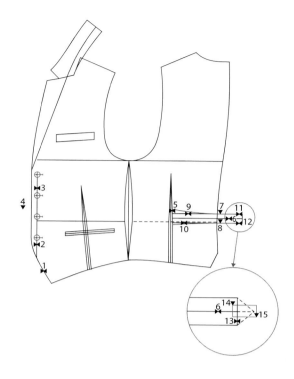

허리장식벨트 및 단추위치 그리기

수정 – 편측수정 [k]
기준선: 1▶◀   수정할 선: 2▶◀🖱

기호 – 2기호 – 단추 [bt]
가로 방향   단추지름: 1.8
여유량: 0.2   단추수: 4
단추의 시작과 끝위치: 3▶◀, 5.5↵ 2▶◀🖱
여유가 생길 방향: 4▼

선의 종류 – 수평선 [lh]
2점 지시: 끝점 1↵, 5▶◀, x18.5↵
선의 종류 – 평행 [pl]
평행 기준선: 6▶◀
방향: 7▼   간격: 1.25↵
평행 기준선: 6▶◀   방향: 8▼
곡선수정 – 곡선수정 – 상방향 [stu]
수정할 선: 9▶◀   이동량: 1.2↵
곡선 시작점: 7▼   설정 여부: y↵
수정할 선: 10▶◀   이동량: –0.5↵
곡선 시작점: 8▼   설정 여부: y↵
선의 종류 – 2점선 [l]
2점 지시: 11▶◀, 12▶◀
수정 – 선 자르기 [c]
자를 선: 13▶◀🖱   기준선: 6▶◀
수정 – 단점이동 – 우방향 [er]
이동할 영역: 14▼, 15▼   이동량: 1.5↵

기호·문자 넣기

보조선을 삭제한 후, 기호·문자를 넣는다.

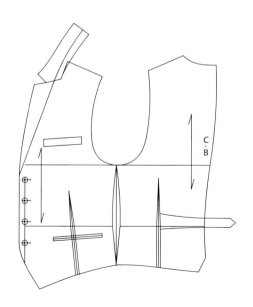

디자인 패턴-재킷

Design
pattern
jacket

Jacket Sloper

Single Breasted Two Buttons Jacket

Double Breasted Two Buttons Jacket

재킷 원형 Jacket Sloper

제도에 필요한 치수

필요 항목	인체 참고 치수
키(Stature)	175cm
가슴둘레(Chest Circumference)=C	96cm
허리둘레(Waist Circumference)=W	82cm
엉덩이둘레(Hip Circumference)=H	96cm
목둘레(Neck Circumference)=N	39cm
어깨사이길이(Biacromion Length)=S	45cm
등길이(Waist Back Length)	44cm
소매길이(Sleeve Length)	64cm

패턴 제도 시 가슴둘레는 C, 허리둘레는 W, 엉덩이둘레는 H, 목둘레는 N, 어깨사이길이는 S를 약자로 사용한다.

계산 치수

계산 항목	계산 치수
가슴둘레 여유분	1/2가슴둘레+8cm
앞품 여유분	1/10가슴둘레×2−1cm+0.8cm
옆품 여유분	1/10가슴둘레+1cm+5.4cm
등품 여유분	1/10가슴둘레×2+1.8cm
진동깊이	1/7.5키+1.5cm
뒷목너비	(목둘레+2cm)/5+0.3cm
앞목너비	뒷목너비와 동일
앞목깊이	뒷목너비와 동일
엉덩이옆길이	1/9키
소맷부리	27cm

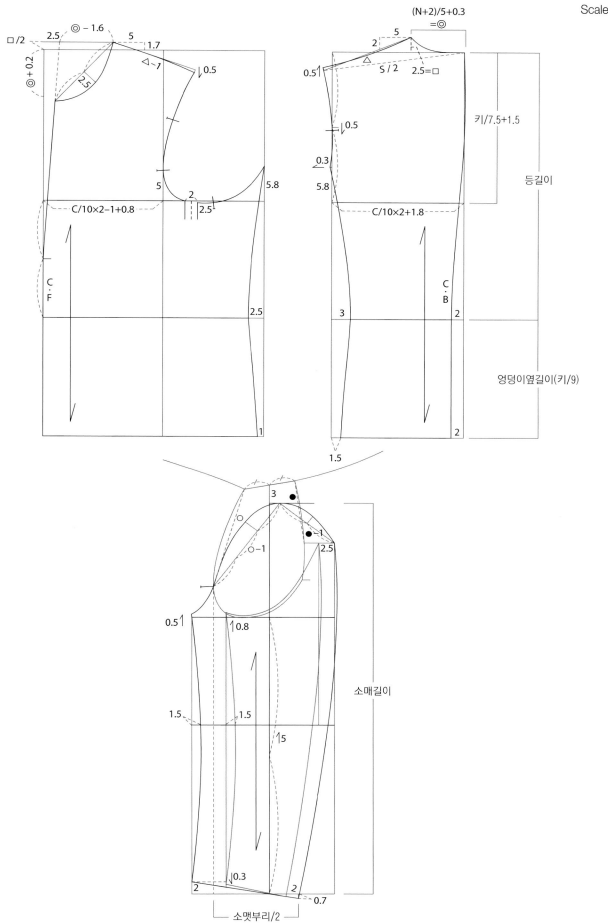

Scale 1/6

Back Drawing
뒤판 그리기

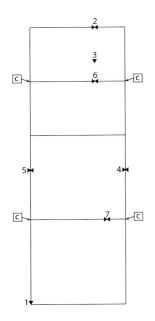

기초선 그리기

선의 종류 – 사각BOX [box]
폭: 21 ↵   길이: 63.5 ↵
처음 위치: 1▼ (시작점 위치는 좌측 하단)
선의 종류 – 평행 [pl]
평행 기준선: 2▶◀
방향: 3▼   간격: 24.8 ↵
평행 기준선: 12.4 ↵ (간격 변경) 2▶◀
방향: 3▼
평행 기준선: 44 ↵ (간격 변경) 2▶◀
방향: 3▼
수정 – 선 자르기 [c]
자를 선: 4▶◀, 5▶◀🖱   기준선: 6▶◀
자를 선: 4▶◀, 5▶◀🖱   기준선: 7▶◀

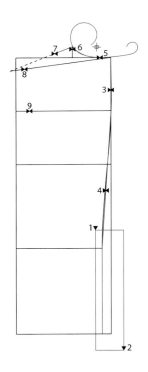

뒷목둘레선 및 어깨보조선 그리기

수정 – 단점이동 – 좌방향 [el]
이동할 영역: 1▼, 2▼   이동량: 2↵
곡선수정 – 선 합치기 [rc]
합칠 곡선 지시: 3▶◀, 4▶◀🖱
선의 점수: 8↵
설정 유무: s(수정: 그림 참고)↵🖱
선의 종류 – 2점선 [l]
2점 지시: 끝점 8.5 ↵ , 5▶◀, y2.5 ↵
2점 지시: 끝점 0 ↵, 6▶◀, x-5 y-2 ↵
선의 종류 – 기타 – 접선 [ld]
시작점: 끝점 5▶◀
접할 선: 7▶◀   선의 길이: 22.5 ↵
수정 – 편측수정 [k]
기준선: 8▶◀   수정할 선: 7▶◀🖱
곡선수정 – 암홀곡자 [rd]
곡선검색리스트 – DCURVE🖱
마우스와 휠을 이용하여 원하는 위치에 놓는다.
🖱(팝업메뉴) – 곡선작성🖱 – 6▶◀, 5▶◀
이동할 점: 점을 옮기며 선을 수정한다. 🖱
수정 – 선수정 [cl]
원하는 길이의 수치: 1↵   원하는 선: 9▶◀🖱

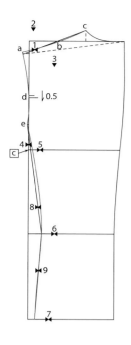

어깨선, 뒤판 암홀 밑 뒤판 프린세스라인 그리기

선의 종류 – 직각선 [lq]

기준선: 1▶◀   선의 길이: 0.5↵

시작점: 1▶◀   방향: 2▼

선의 종류 – 직각선 [lq]

기준선: 1▶◀   선의 길이: 0.2↵

시작점: 중점(Shift+F2) 1▶◀   방향: 3▼

수정 – 선 자르기 [c]

자를 선: 4▶◀👆   기준선: 5▶◀

선의 종류 – 2점선 [l]

2점 지시: 끝점수치 5.8↵, 4▶◀, x-0.3↵

선의 종류 – 곡선 [crv]

점열 지시: 끝점(F1) a, b, c↵

점열 지시: 끝점(F1) a, d, e↵

이동 – 이동 – 하방향 [mvd]

이동할 선: 선 d   이동량: 0.5↵

선의 종류 – 2점선 [l]

2점 지시: e▶◀, 끝점수치 3↵, 6▶◀

2점 지시: 6▶◀, 끝점수치 1.5↵, 7▶◀

곡선수정 – 선 합치기 [rc]

합칠 곡선 지시: 8▶◀👆

선의 점수: 7↵   설정 유무: s(수정: 그림 참고)↵👆

합칠 곡선 지시: 9▶◀👆

선의 점수: 6↵   설정 유무: s(수정: 그림 참고)↵👆

Front Drawing

앞판 그리기

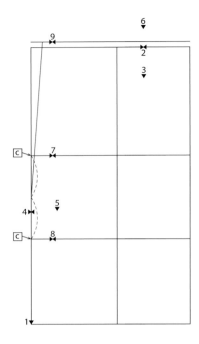

기초선 그리기

선의 종류 – 사각BOX [box]

폭: 35.1⏎　길이: 63.5⏎

처음 위치: 1▼ (시작점 위치는 좌측 하단)

선의 종류 – 평행 [pl]

평행 기준선: 2▸◂　방향: 3▼　간격: 24.8⏎

평행 기준선: 44⏎ (간격 변경) 2▸◂　방향: 3▼

평행 기준선: 19⏎ (간격 변경) 4▸◂　방향: 5▼

평행 기준선: 1.25⏎ (간격 변경) 2▸◂　방향: 6▼

수정 – 선 자르기 [c]

자를 선: 4▸◂👆　기준선: 7▸◂

자를 선: 4▸◂👆　기준선: 8▸◂

선의 종류 – 2점선 [l]

2점 지시: 중점(Shift+F2) 4▸◂

　　　　　끝점(F1) 2.5⏎, 9▸◂

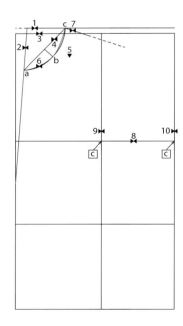

앞목둘레선 및 보조선 그리기

수정 – 편측수정 [k]

기준선: 2▸◂　수정할 선: 1▸◂👆

기준선: 3▸◂　수정할 선: 2▸◂👆

선의 종류 – 2점선 [l]

2점 지시: 끝점 8.5⏎, 1▸◂, 2▸◂

선의 종류 – 직각선 [lq]

기준선: 4▸◂　선의 길이: 2.5⏎

시작점: 중점(Shift+F2) 4▸◂　방향: 5▼

선의 종류 – 곡선 [crv]

점열 지시: 끝점(F1) a, b, c👆

곡선수정 – 선 합치기 [rc]

합칠 곡선 지시: 6▸◂👆

선의 점수: 6⏎　설정 유무: s(수정: 그림 참고)⏎👆

선의 종류 – 2점선 [l]

2점 지시: 4▸◂, x5 y-1.7⏎👆

수정 – 선수정 [cl]

원하는 길이의 수치: 13.8⏎

원하는 선: 7▸◂👆

수정 – 선 자르기 [c]

자를 선: 9▸◂, 10▸◂👆　기준선: 8▸◂

자를 선: 8▸◂👆　기준선: 9▸◂

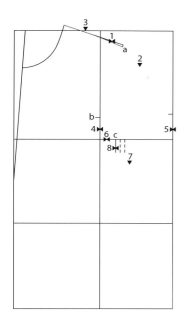

어깨선, 앞판 암홀 밑 뒤판 프린세스라인 그리기

선의 종류 – 직각선 [lq]
기준선: 1▶◀   선의 길이: 0.5↵
시작점: 1▶◀   방향: 2▼

곡선수정 – 곡선수정 – 임의수정 [str]
수정할 선의 끝점: 1▶◀   이동 후 끝점: a
곡의 시작점: 3▼   설정 유무: y↵

선의 종류 – 2점선 [l]
2점 지시: 끝점 5↵, 4▶◀, x–1↵
2점 지시: 끝점 5.8↵, 5▶◀, x–1↵

선의 종류 – 직각선 [lq]
기준선: 6▶◀   선의 길이: 3↵
시작점: 끝점수치 3.5↵, 6▶◀   방향: 7▼

선의 종류 – 평행 [pl]
평행 기준선: 8▶◀   방향: 7▼   간격: 1↵
평행 기준선: 8▶◀ (간격 변경) 2↵   방향: 7▼

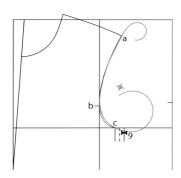

곡선수정 – 암홀곡자 [rd]
곡선검색리스트 – DCURVE🖱
마우스와 휠을 이용하여 b를 통과하는 위치에 놓는다.
🖱(팝업메뉴) – 곡선작성🖱 – a, c
이동할 점: 점을 옮기며 선을 수정한다. 🖱

수정 – 길이 조정 [n]
변경할 선의 수치: –0.3↵
선의 끝점: 9▶◀🖱

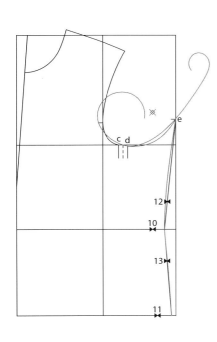

곡선수정 – 암홀곡자 [rd]
곡선검색리스트 – DCURVE🖱
마우스와 휠을 이용하여 원하는 위치에 놓는다.
🖱(팝업메뉴) – 곡선작성🖱 – d, e
이동할 점: 점을 옮기며 선을 수정한다. 🖱

선의 종류 – 2점선 [l]
2점 지시: e▶◀, 끝점수치 2.5↵, 10▶◀
2점 지시: 10▶◀, 끝점수치 1↵, 11▶◀

곡선수정 – 선 합치기 [rc]
합칠 곡선 지시: 12▶◀🖱
선의 점수: 7↵
설정 유무: s(수정: 그림 참고)↵🖱
합칠 곡선 지시: 13▶◀🖱
선의 점수: 6↵
설정 유무: s(수정: 그림 참고)↵🖱

Sleeve Drawing
소매 그리기

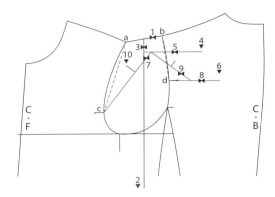

기초선 그리기

*앞·뒤판의 암홀라인을 붙여 놓는다.

선의 종류 – 2점선 [l]
2점 지시: (a, b), (a, c), (b, d) 각각 연결

선의 종류 – 수직선 [lv]
2점 지시: 중점(Shift+F2) 1▶◀, 임의점(F2) 2▼

선의 종류 – 수평선 [lh]
2점 지시: 끝점수치 3⏎, 3▶◀, 임의점(F2) 4▼

선의 종류 – 기타 – 접선 [ld]
시작점: c▶◀   접할 선: 5▶◀
선의 길이: 18⏎ (a, c직선길이+0.5)

선의 종류 – 수평선 [lh]
2점 지시: d▶◀, 임의점(F2) 6▼

선의 종류 – 기타 – 접선 [ld]
시작점: 7▶◀   접할 선: 8▶◀
선의 길이: 11⏎ (b, d 직선길이+0.5)

선의 종류 – 직각선 [lq]
기준선: 7▶◀   선의 길이: 2.5⏎   시작점: 비율
점(Shift+F3) 0.333⏎, 7▶◀   방향: 10▼

선의 종류 – 직각선 [lq]
기준선: 9▶◀   선의 길이: 1.5⏎
시작점: 중점(Shift+F2) 9▶◀   방향: 6▼

수정 – 편측수정 [k]
기준선: 5▶◀   수정할 선: 3▶◀🖱

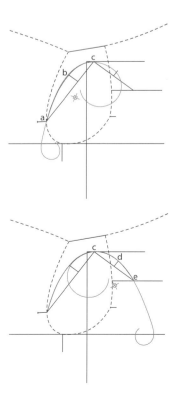

겉소매 그리기

*선 정리: 보조선은 지운다.

곡선수정 – 암홀곡자 [rd]
곡선검색리스트 – DCURVE🖱
마우스와 휠을 이용하여 b를 통과하는 위치에 놓는다.
🖱(팝업메뉴) – 곡선작성🖱 – c, a
이동할 점: 점을 옮기며 선을 수정한다. 🖱

곡선수정 – 암홀곡자 [rd]
곡선검색리스트 – DCURVE🖱
마우스와 휠을 이용하여 d를 통과하는 위치에 놓는다.
🖱(팝업메뉴) – 곡선작성🖱 – c, e
이동할 점: 점을 옮기며 선을 수정한다. 🖱

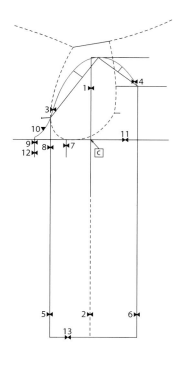

수정 – 선수정 [cl]
원하는 길이의 수치: 64↵
원하는 선: 1▶◀🖱
선의 종류 – 수직선 [lv]
2점 지시: 3▶◀, 2▶◀
2점 지시: 4▶◀, 2▶◀
선의 종류 – 2점선 [l]
2점 지시: 5▶◀, 6▶◀
반전 – 복사반전 – 선반전 [cml]
반전할 대상: 7▶◀🖱   기준선: 8▶◀
수정 – 길이 조정 [n]
변경할 선의 수치: 0.5↵   선의 끝점: 9▶◀🖱
선의 종류 – 곡선 [crv]
점열 지시: 끝점(F1) 9▶◀
임의점(F2) 10▼, 끝점(F1) 3▶◀
수정 – 선 자르기 [c]
자를 선: 1▶◀🖱   기준선: 11▶◀
수정 – 편측수정 [k]
기준선: 13▶◀   수정할 선: 12▶◀🖱

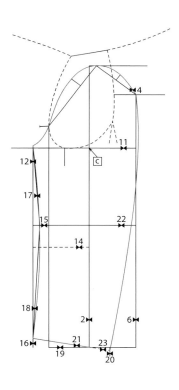

선의 종류 – 수평선 [lh]
2점 지시: 중점(Shift+F2) 2▶◀, 12▶◀
수정 – 편측수정 [k]
기준선: 6▶◀   수정할 선: 14▶◀, 11▶◀🖱
이동 – 이동 – 상방향 [mvu]
이동할 선: 14▶◀↵   이동량: 5↵
선의 종류 – 연속선 [lc]
시작점: 끝점(F1) 12▶◀, 1.5↵ 15▶◀,
       2↵ 16▶◀🖱
곡선수정 – 선 합치기 [rc]
합칠 곡선 지시: 17▶◀, 18▶◀🖱
선의 점수: 9↵   설정 유무: s(수정: 그림 참고)↵
선의 종류 – 2점선 [l]
2점 지시: 끝점 13.5↵, 19▶◀, y-2↵
2점 지시: 18▶◀, 2▶◀
수정 – 편측수정 [k]
기준선: 20▶◀   수정할 선: 21▶◀🖱
선의 종류 – 곡선 [crv]
점열 지시: 끝점(F1) 4▶◀, 수치 −0.5↵ 11▶◀
       수치 1↵ 22▶◀, 수치 0↵ 23▶◀🖱
* 보조선 삭제 및 정리

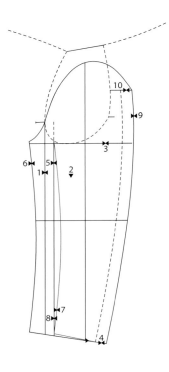

안소매 그리기

선의 종류 – 평행 [pl]

평행 기준선: 1▶◀

방향: 2▼　간격: 2↵

수정 – 양측수정 [b]

기준이 되는 2개의 선: 3▶◀, 4▶◀

수정할 선: 5▶◀🖱

수정 – 길이 조정 [n]

변경할 선의 수치: 0.8↵　선의 끝점: 5▶◀🖱

복사이동 – 복사이동 – 2점 방향 [cmv]

이동할 선: 6▶◀🖱

이동 방향, 거리를 2점 지시: 끝점(F1) 6▶◀, 5▶◀

곡선수정 – 유사처리 – 유사이동 [sr]

대상 지시: 7▶◀🖱

이동 후의 선: 수치 0.5↵ 8▶◀

선의 종류 – 2점선 [I]

2점 지시: 7▶◀, 끝점 2↵, 4▶◀

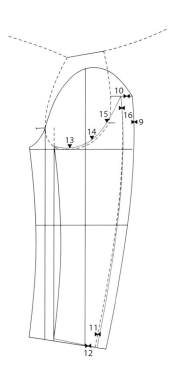

복사이동 – 복사이동 – 2점 방향 [cmv]

이동할 선: 9▶◀🖱

이동 방향, 거리를 2점 지시: 끝점(F1) 9▶◀, 끝점 2.5↵, 10▶◀

곡선수정 – 유사처리 – 유사이동 [sr]

대상 지시: 11▶◀🖱　이동 후의 선: 12▶◀

선의 종류 – 곡선 [crv]

점열 지시: 끝점(F1) 5▶◀,
　　　　　임의점(F2) 13▼, 14▼, 15▼,
　　　　　끝점(F1) 16▶◀🖱

＊ 보조선 삭제 및 정리

몸판, 소매 너치 확인

기호 - 2기호 - 너치 [aij]

2.5cm 간격의 d너치를 만든다.

기호 - 2기호 - 봉제너치 [ana]

앞·뒤 어깨선에 봉제너치를 만든다.

소매 솔기선에 봉제너치를 만든다.

기호 - 2 기호 - 자동너치 [ajs]

몸판 진동둘레선과 소매산 곡선에 오그림 분량을 배분한 후, 자동너치를 만든다.

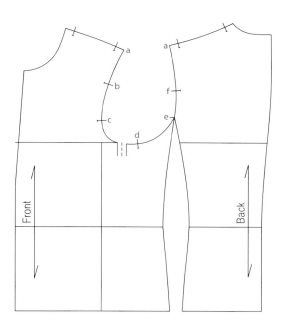 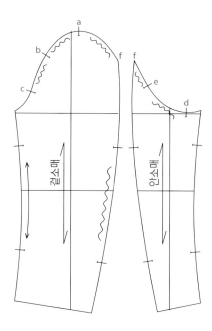

전체 오그림 분량을 소매의 앞진동둘레선에 40%, 소매의 뒤진동둘레선에 60%를 배분한다.

소매 오그림 분량은 다음과 같다.

소매구간	오그림 분량	
a-b	40%	0.8cm
b-c		0.5cm
c-d	0%	0
d-e	20%	0.6cm
e-f	40%	0.4cm
f-a		0.9cm
전체 오그림 분량	3.2cm	

싱글 2버튼 재킷
Single breasted two buttons Jacket

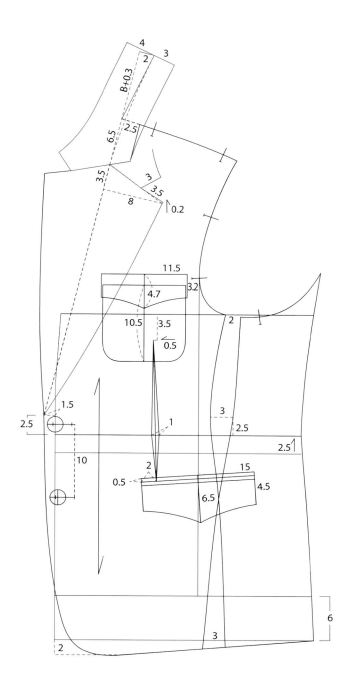

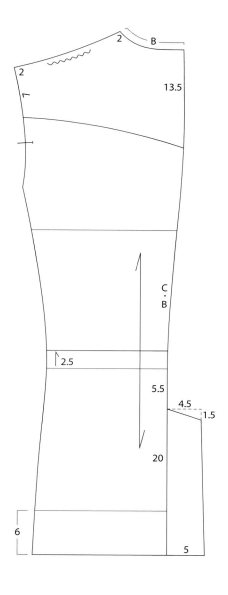

Front & Back Drawing
앞·뒤판 그리기

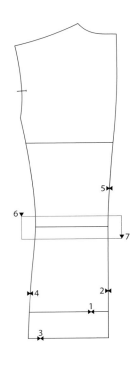

앞·뒤판 재킷 원형 준비

뒤판 길이 수정하기

이동 – 이동 – 하방향 [mvd]
이동할 선: 1▶◀⏎   이동량: 6⏎
수정 – 편측수정 [k]
기준선: 3▶◀   수정할 선: 2▶◀🖱
수정 – 각결정 [km]
만나는 2개 선: 4▶◀, 3▶◀
곡선수정 – 선 합치기 [rc]
합칠 곡선 지시: 5▶◀, 2▶◀🖱
선의 점수: 13⏎   설정 유무: y⏎
수정 – 단점이동 – 상방향 [eu]
이동할 영역: 6▼, 7▼   이동량: 2.5⏎

뒤판 그리기

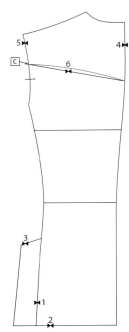

선의 종류 – 2점선 [l]
2점 지시: 수치 20⏎, 1▶◀, x-4.5 y-1.5⏎
수정 – 길이 조정 [n]
변경할 선의 수치: 5⏎
선의 끝점: 2▶◀🖱
선의 종류 – 2점선 [l]
2점 지시: 2▶◀, 3▶◀
2점 지시: 수치 13.5⏎ 4▶◀, 수치 7⏎ 5▶◀
수정 – 선 자르기 [c]
자를 선: 5▶◀🖱   기준선: 6▶◀
곡선수정 – 선 합치기 [rc]
합칠 곡선 지시: 6▶◀🖱
선의 점수: 6⏎   설정 유무: s(수정: 그림 참고)⏎

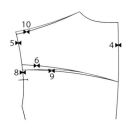

곡선수정 – 유사처리 – 복사이동 [csr]
대상 지시: 6▶◀🖱   이동 후의 선: 수치 1.2⏎ 8▶◀
곡선수정 – SS수정 [ss]
수정할 곡선 지시: 9▶◀⏎   이동할 점: ▼🖱
수정 – 길이 조정 [n]
변경할 선의 수치: 0.6⏎
선의 끝점: 5▶◀🖱
곡선수정 – 유사처리 – 유사이동 [sr]
대상 지시: 10▶◀🖱   이동 후의 선: 5▶◀

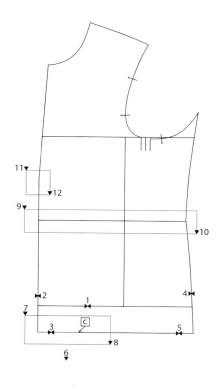

앞판 길이 수정하기

이동 – 이동 – 하방향 [mvd]
이동할 선: 1▸◂ ↵   이동량: 6↵

수정 – 편측수정 [k]
기준선: 3▸◂   수정할 선: 2▸◂🖰

수정 – 각결정 [km]
만나는 2개 선: 4▸◂, 5▸◂

수정 – 선 자르기 [c]
자를 선: 3▸◂🖰   기준선: 끝점(F1) 9↵3▸◂

수정 – 단점이동 – 상방향 [eu]
이동할 영역: 7▾, 8▾   이동량: −2↵
이동할 영역: 9▾, 10▾   이동량: 2.5↵
이동할 영역: 11▾, 12▾   이동량: −7↵

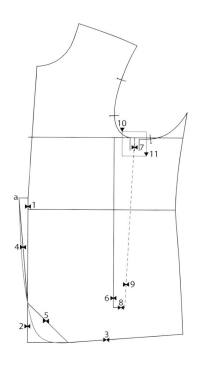

앞판 프린세스라인 및 밑단선 그리기

선의 종류 – 2점선 [l]
2점 지시: 1▸◂, x −2↵

선의 종류 – 연속선 [lc]
시작점: 끝점(F1) a▸◂, 수치 9↵ 2▸◂,
        수치 0↵ 3▸◂

곡선수정 – 선 합치기 [rc]
합칠 곡선 지시: 4▸◂🖰   선의 점수: 6↵
설정 유무: s(수정: 그림 참고)↵
합칠 곡선 지시: 5▸◂🖰   선의 점수: 8↵
설정 유무: s(수정: 그림 참고)↵

선의 종류 – 2점선 [l]
2점 지시: 6▸◂, x 2.5↵

곡선수정 – 유사처리 – 유사이동 [sr]
대상 지시: 7▸◂🖰   이동 후의 선: 8▸◂

수정 – 편측수정 [k]
기준선: 3▸◂   수정할 선: 9▸◂🖰

삭제 – 지정삭제 [d]
기준선: 영역 내(F4) 10▾, 11▾↵

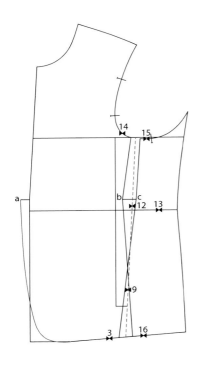

수정 – 선 자르기 [c]
자를 선: 12▶◀🖰   기준선: 13▶◀
자를 선: 3▶◀🖰   기준선: 9▶◀

선의 종류 – 2점선 [l]
2점 지시: 수치 2.2⏎ 12▶◀, x −2.2⏎
2점 지시: 수치 2.2⏎ 12▶◀, x 0.8⏎

선의 종류 – 연속선 [lc]
시작점: 끝점(F1) 14▶◀, b▶◀, 수치 1.5⏎ 16▶◀🖰
시작점: 끝점(F1) 15▶◀, c▶◀, 수치 1.5⏎ 3▶◀🖰

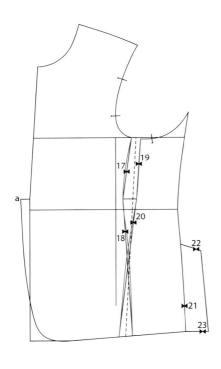

곡선수정 – 선 합치기 [rc]
합칠 곡선 지시: 17▶◀, 18▶◀🖰
선의 점수: 13⏎
설정 유무: s(수정: 그림 참고)⏎

곡선수정 – 선 합치기 [rc]
합칠 곡선 지시: 19▶◀, 20▶◀🖰
선의 점수: 13⏎
설정 유무: s(수정: 그림 참고)⏎

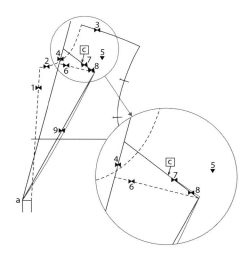

라펠 그리기

삭제 – 지정삭제 [d]
기준선: 1▼, 2▼⏎
선의 종류 – 2점선 [l]
2점 지시: a▶◀, 수치 −2.5⏎ 3▶◀
선의 종류 – 직각선 [lq]
기준선: 4▶◀ 선의 길이: 8⏎
시작점: 수치 10⏎ 4▶◀ 방향: 5▼
수정 – 선 자르기 [c]
자를 선: 4▶◀🖱 기준선: 6▶◀
곡선수정 – 유사처리 – 유사이동 [sr]
대상 지시: 6▶◀🖱
이동 후의 선: 수치 3.5⏎ 4▶◀
수정 – 선 자르기 [c]
자를 선: 7▶◀🖱
기준선: 끝점(F1) 3.5⏎ 7▶◀
회전 – 회전 – 회전량 [re]
회전할 패턴: 7▶◀
회전할 중심: 7▶◀ 움직일 점: 8▶◀
이동량: 0.2⏎ 방향: 5▼
선의 종류 – 2점선 [l]
2점 지시: a▶◀, 8▶◀
곡선수정 – 선 합치기 [rc]
합칠 곡선 지시: 9▶◀🖱 선의 점수: 7⏎
설정 유무: s(수정: 그림 참고)⏎

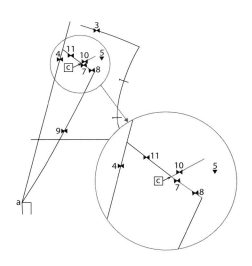

회전 – 복사회전 – 회전량 [cre]
회전할 패턴: 7▶◀🖱
회전할 중심: 7▶◀ 움직일 점: 8▶◀
이동량: 3.7⏎ 방향: 5▼
수정 – 선수정 [cl]
원하는 길이의 수치: 3⏎
원하는 선: 10▶◀🖱
반전 – 반전 – 선반전 [ml]
반전할 대상: 11▶◀, 10▶◀, 8▶◀, 9▶◀🖱
기준선: 4▶◀

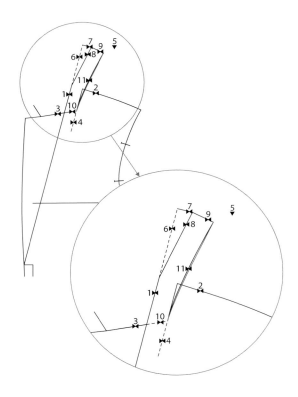

칼라 그리기

복사이동 – 복사이동 – 2점 방향 [cmv]

이동할 선: 1▶◀🖑

이동 방향, 거리를 2점 지시: 끝점(F1) 1▶◀, 2▶◀

수정 – 각결정 [km]

만나는 2개 선: 3▶◀, 4▶◀

선의 종류 – 기타 – 연장선 [lt]

기준선: 1▶◀   선의 길이: 9.5 ↵

시작점 지시: 1▶◀   방향: 5▼

선의 종류 – 직각선 [lq]

기준선: 6▶◀   선의 길이: 2 ↵

시작점: 6▶◀   방향: 5▼

선의 종류 – 2점선 [l]

2점 지시: 7▶◀, 1▶◀

선의 종류 – 직각선 [lq]

기준선: 8▶◀   선의 길이: 3 ↵

시작점: 8▶◀   방향: 5▼

선의 종류 – 곡선 [crv]

점열 지시: 끝점(F1) 10▶◀

수치 0.5 ↵ 2▶◀, 수치 0 ↵, 9▶◀

곡선수정 – 선 합치기 [rc]

합칠 곡선 지시: 11▶◀🖑   선의 점수: 6 ↵

설정 유무: s(수정: 그림 참고) ↵

수정 – 선수정 [cl]

원하는 길이의 수치: 7 ↵

원하는 선: 9▶◀🖑

복사이동 – 복사이동 – 2점 방향 [cmv]

이동할 선: 8▶◀🖑

이동 방향, 거리를 2점 지시: 끝점(F1) 8▶◀, 12▶◀

곡선수정 – 암홀곡자 [rd]

곡선검색리스트 – DCURVE🖑

마우스와 휠을 이용하여 원하는 위치에 놓는다.

🖑(팝업메뉴) – 곡선작성🖑 – 13▶◀, 14▶◀

이동할 점: 점을 옮기며 선을 수정한다. 🖑

복사이동 – 복사이동 – 2점 방향 [cmv]

이동할 선: 15▶◀🖑

이동 방향, 거리를 2점 지시: 끝점(F1) 15▶◀, 8▶◀

곡선수정 – 유사처리 – 유사이동 [sr]

대상 지시: 16▶◀🖑

이동 후의 선: 교점(Shift+F1) 1▶◀, 10▶◀

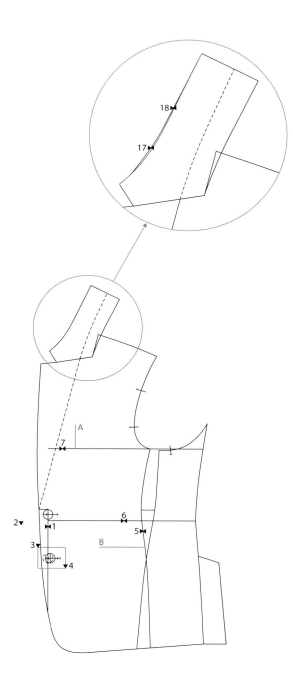

* 보조선을 삭제한다.

곡선수정 – 선 합치기 [rc]

합칠 곡선 지시: 17▸◂, 18▸◂🖑   선의 점수: 9↵

설정 유무: s(수정: 그림 참고)↵

단추, 포켓 위치선 그리기

기호 – 2기호 – 단추 [bt]

가로 방향   단추지름: 2.1

여유량: 0.3   단추수: 2

단추의 시작과 끝위치: 1.2↵ 1▸◂, 11.2↵ 1▸◂🖑

여유가 생길 방향: 2▾

수정 – 단점이동 – 우방향 [er]

이동할 영역: 3▾, 4▾

이동량: 0.5↵

수정 – 선 자르기 [c]

자를 선: 5▸◂🖑

기준선: 6▸◂

선의 종류 – 2점선 [l]

2점 지시: 끝점 6↵ 5▸◂, x-10↵

2점 지시: 끝점 6↵ 7▸◂, y5.5↵

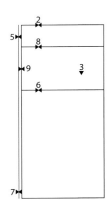

가슴포켓 그리기

선의 종류 – 사각BOX [box]

폭: 5.5 ⏎   길이: 12 ⏎

처음 위치 1▼ (시작점 위치는 좌측 하단)

선의 종류 – 평행 [pl]

평행 기준선: 2▶◀

방향: 3▼   간격: 1.5 ⏎

평행 기준선: 4.5 ⏎ (간격 변경) 2▶◀

방향: 3▼

평행 기준선: 0.2 ⏎ (간격 변경) 9▶◀

방향: 10▼

수정 – 각결정 [km]

만나는 2개 선: 2▶◀, 5▶◀

만나는 2개 선: 6▶◀, 7▶◀

만나는 2개 선: 8▶◀, 9▶◀

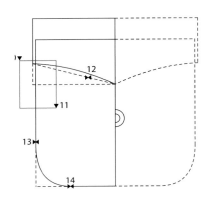

수정 – 단점이동 – 상방향 [eu]

이동할 영역: 1▼, 2▼   이동량: 1.5 ⏎

곡선수정 – 선 합치기 [rc]

합칠 곡선 지시: 3▶◀👆   선의 점수: 5 ⏎

설정 유무: s(수정: 그림 참고) ⏎

수정 – 2각수정 [dfil]

제1요소: 4▶◀   시작 위치: 끝점(F1) 3 ⏎ 4▶◀

제2요소: 5▶◀   시작 위치: 끝점(F1) 2.5 ⏎ 5▶◀

설정 유무: y ⏎

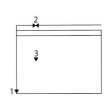

옆포켓 그리기

선의 종류 – 사각BOX [box]

폭: 7.5 ⏎   길이: 6.5 ⏎

처음 위치 1▼ (시작점 위치는 좌측 하단)

선의 종류 – 평행 [pl]

평행 기준선: 2▶◀   방향: 3▼   간격: 0.5 ⏎

평행 기준선: 1 ⏎ (간격 변경) 2▶◀   방향: 3▼

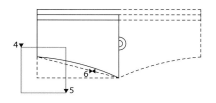

수정 – 단점이동 – 상방향 [eu]

이동할 영역: 4▼, 5▼   이동량: 2↵

곡선수정 – 선 합치기 [rc]

합칠 곡선 지시: 6▶◑   선의 점수: 5↵

설정 유무: s(수정: 그림 참고)↵

포켓 넣기

이동 – 이동 – 2점 방향 [mv]

이동할 선: 영역교차 내(F5) 1▼, 2▼◑

이동 방향, 거리를 2점 지시: 끝점(F1) 3▶◀, A▶◀

이동할 선: 영역교차 내(F5) 4▼, 5▼◑

이동 방향, 거리를 2점 지시: 끝점(F1) 6▶◀, B▶◀

회전 – 회전 – 회전량 [re]

회전할 패턴: 영역교차 내(F5) 7▼, 8▼◑

회전할 중심: 9▶◀

움직일 점: 10▶◀

이동량: 1↵

방향: 11▼

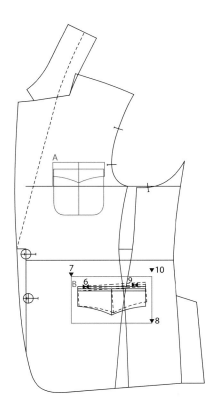

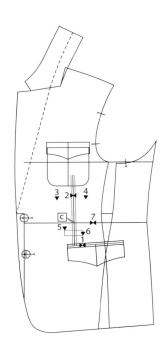

앞다트 그리기

선의 종류 – 수직선 [lv]

2점 지시: 끝점수치 2⏎, 1▶◀, x -0.5 y 19.5⏎

선의 종류 – 평행 [pl]

평행 기준선: 2▶◀

방향: 3▼   간격: 0.5⏎

평행 기준선: 2▶◀

방향: 4▼

수정 – 선 자르기 [c]

자를 선: 영역교차 내(F5) 5▼, 6▼🖱

기준선: 7▶◀

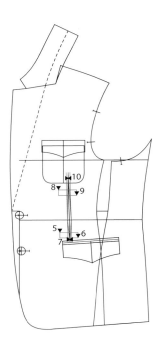

곡선수정 – 유사처리 – 유사이동 [sr]

대상 지시: 영역교차 내(F5) 5▼, 6▼🖱

이동 후의 선: 7▶◀

대상 지시: 영역교차 내(F5) 8▼, 9▼🖱

이동 후의 선: 10▶◀

겉칼라 만들기

1단계

칼라(안칼라)를 복사하여 외곽선을 0.3cm를 키우고 꺾임선을 기준으로
1cm 아래에 평행선을 만든다.

2단계

절개선을 분리한 후 a, b를 기준으로 등분한다.

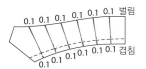

3단계

외곽선은 전체 0.6cm를 배분하여 벌리고 절개선은 0.6cm를 배분하여
겹친다.

4단계

칼라밴드를 위아래로 반전하고 c, d를 기준으로 등분한다.

5단계

위쪽선만 전체 0.3cm를 겹친다.

6단계

칼라밴드의 위아래와 각각 봉제될 부분의 길이를 수정하고 너치를
만든다.

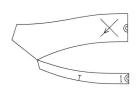

7단계

겉칼라를 완성한 후 기호를 넣는다.

더블 2버튼 재킷
Double breasted two buttons Jacket

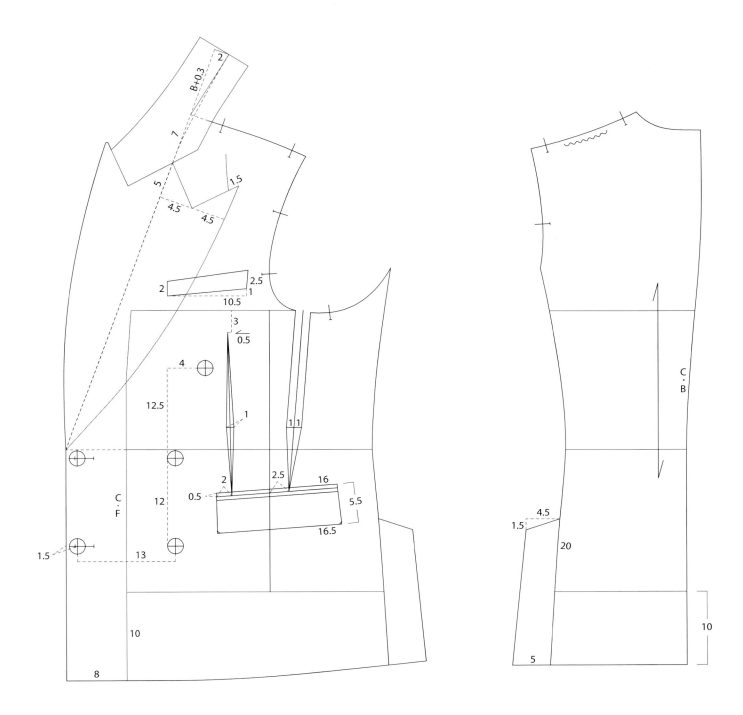

Front & Back Drawing
앞·뒤판 그리기

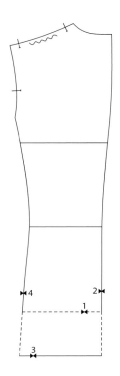

앞·뒤판 재킷 원형 준비

뒤판 길이 조정하기

이동 – 이동 – 하방향 [mvd]
이동할 선: 1▶◀↵   이동량: 10↵
수정 – 편측수정 [k]
기준선: 3▶◀   수정할 선: 2▶◀🖱
수정 – 각결정 [km]
만나는 2개 선: 4▶◀, 3▶◀

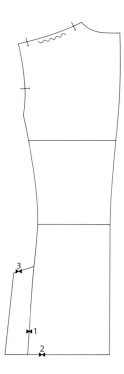

뒤판 옆트임 그리기

선의 종류 – 2점선 [l]
2점 지시: 수치 20↵, 1▶◀, x-4.5 y-1.5↵
수정 – 길이 조정 [n]
변경할 선의 수치: 5↵
선의 끝점: 2▶◀🖱
선의 종류 – 2점선 [l]
2점 지시: 2▶◀, 3▶◀

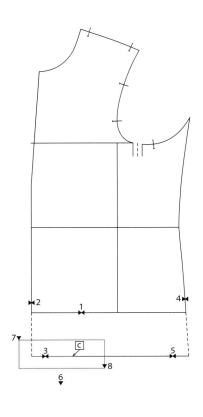

앞판 길이 조정하기

이동 – 복사이동 – 하방향 [cmvd]
이동할 선: 1▶◀↵   이동량: 10↵
수정 – 편측수정 [k]
기준선: 3▶◀   수정할 선: 2▶◀🖱
수정 – 각결정 [km]
만나는 2개 선: 4▶◀, 5▶◀
수정 – 선 자르기 [c]
자를 선: 3▶◀🖱
기준선: 끝점(F1) 9↵, 3▶◀
수정 – 단점이동 – 하방향 [ed]
이동할 영역: 7▼, 8▼   이동량: 2↵

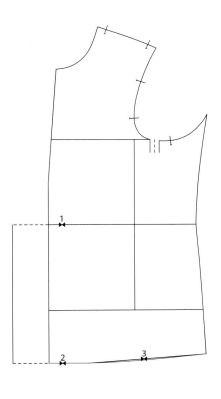

밑단선 및 앞판 여밈분(더블) 그리기

수정 – 길이 조정 [n]
변경할 선의 수치: 8↵
선의 끝점: 1▶◀, 2▶◀🖱
선의 종류 – 2점선 [l]
2점 지시: 1▶◀, 2▶◀
곡선수정 – 선 합치기 [rc]
합칠 곡선 지시: 2▶◀, 3▶◀🖱
선의 점수: 6↵
설정 유무: s(수정: 그림 참고)↵

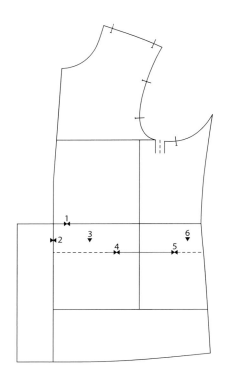

주머니 위치 그리기

선의 종류 – 평행 [pl]
평행 기준선: 1▶◀   방향: 3▼   간격: 6.5⏎
수정 – 길이 조정 [n]
변경할 선의 수치: –12⏎   선의 끝점: 4▶◀🖱
수정 – 선수정 [cl]
원하는 길이의 수치: 16⏎   원하는 선: 4▶◀🖱
회전 – 회전 – 회전량 [re]
회전할 패턴: 4▶◀🖱   회전할 중심: 4▶◀
움직일 점: 5▶◀   이동량: 1.2⏎   방향: 6▼

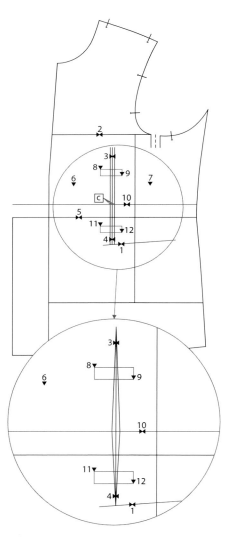

앞판 다트 그리기

선의 종류 – 수직선 [lv]
2점 지시: 끝점수치 2⏎, 1▶◀, 2▶◀
수정 – 길이 조정 [n]
변경할 선의 수치: –3⏎
선의 끝점: 3▶◀🖱
선의 종류 – 평행 [pl]
평행 기준선: 5▶◀
방향: 6▼   간격: 3⏎
평행 기준선: 0.5⏎ (간격 변경) 3▶◀
방향: 6▼
평행 기준선: 3▶◀
방향: 7▼
수정 – 선 자르기 [c]
자를 선: 영역교차 내(F5) 8▼, 9▼🖱
기준선: 10▶◀
곡선수정 – 유사처리 – 유사이동 [sr]
대상 지시: 영역교차 내(F5) 8▼, 9▼🖱
이동 후의 선: 3▶◀
대상 지시: 영역교차 내(F5) 11▼, 12▼🖱
이동 후의 선: 4▶◀
회전 – 회전 – 회전량 [re]
회전할 패턴: 영역교차 내(F5) 8▼, 9▼
　　　　　　영역교차 내(F5) 11▼, 12▼🖱
회전할 중심: 4▶◀   움직일 점: 3▶◀
이동량: 0.5⏎   방향: 6▼

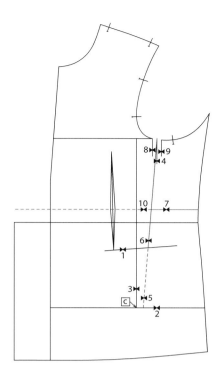

암홀둘레선 다트 그리기

수정 – 선 자르기 [c]
자를 선: 2▶◀🖱️   기준선: 3▶◀
곡선수정 – 유사처리 – 유사이동 [sr]
대상 지시: 4▶◀🖱️
이동 후의 선: 끝점(F1) 1.5⏎, 2▶◀
수정 – 편측수정 [k]
기준선: 1▶◀   수정할 선: 5▶◀🖱️
수정 – 선 자르기 [c]
자를 선: 7▶◀🖱️   기준선: 6▶◀
곡선수정 – 유사처리 – 유사이동 [sr]
대상 지시: 8▶◀🖱️
이동 후의 선: 끝점(F1) 0.75⏎, 10▶◀
대상 지시: 9▶◀🖱️   이동 후의 선: 7▶◀

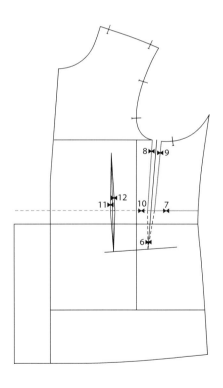

곡선수정 – 유사처리 – 복사이동 [csr]
대상 지시: 8▶◀, 9▶◀🖱️
이동 후의 선: 6▶◀
수정 – 양측수정 [b]
기준이 되는 2개의 선: 8▶◀, 9▶◀
수정할 선: 7▶◀🖱️
기준이 되는 2개의 선: 11▶◀, 12▶◀
수정할 선: 10▶◀🖱️

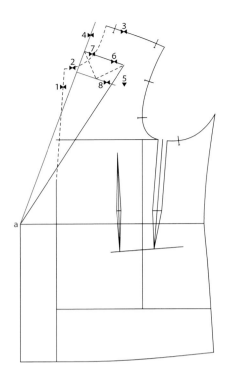

라펠 그리기

삭제 – 지정삭제 [d]

기준선: 1▶◀, 2▶◀👆

선의 종류 – 2점선 [l]

2점 지시: a▶◀, 수치 −2.5⏎, 3▶◀

선의 종류 – 직각선 [lq]

기준선: 4▶◀   선의 길이: 9⏎

시작점: 수치 7⏎ 4▶◀   방향: 5▼

선의 종류 – 평행 [pl]

평행 기준선: 6▶◀

방향: 5▼   간격: 5⏎

선의 종류 – 연속선 [lc]

시작점: 끝점(F1) 7▶◀, 중점(Shift+F2) 8▶◀

끝점(F1) −0.3⏎, 6▶◀, 수치 변경 0⏎, a▶◀👆

삭제 – 지정삭제 [d]

기준선: 6▶◀, 8▶◀👆

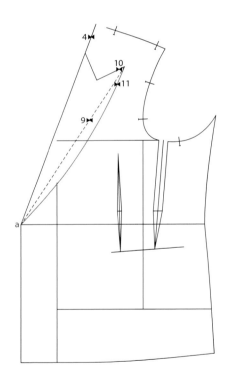

곡선수정 – 선 합치기 [rc]

합칠 곡선 지시: 9▶◀👆

선의 점수: 7⏎

설정 유무: s(수정: 그림 참고)👆

수정 – 각수정 [fil]

곡선이 될 2개의 선: 10▶◀, 11▶◀

시작점: 끝점(F1) 0.5⏎, 10▶◀

설정 유무: y⏎

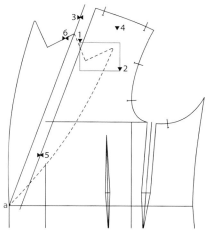

칼라 그리기

반전 – 반전 – 선반전 [ml]
반전할 대상: 영역교차 내(F5) 1▼, 2▼🖰
기준선: 3▶◀

선의 종류 – 평행 [pl]
평행 기준선: 3▶◀
방향: 4▼   간격: 2.5↵

수정 – 각결정 [km]
만나는 2개 선: 5▶◀, 6▶◀

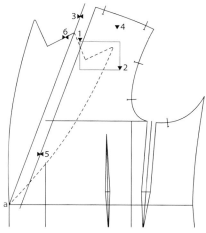

선의 종류 – 기타 – 연장선 [lt]
기준선: 3▶◀   선의 길이: 9.5↵
시작점 지시: 3▶◀   방향: 7▼

선의 종류 – 직각선 [lq]
기준선: 8▶◀   선의 길이: 2↵
시작점: 8▶◀   방향: 7▼

선의 종류 – 2점선 [l]
2점 지시: 9▶◀, 3▶◀

선의 종류 – 직각선 [lq]
기준선: 10▶◀   선의 길이: 3↵
시작점: 10▶◀   방향: 7▼

선의 종류 – 곡선 [crv]
점열 지시: 끝점(F1) 12▶◀
수치 0.5↵ 13▶◀, 수치 0↵, 11▶◀

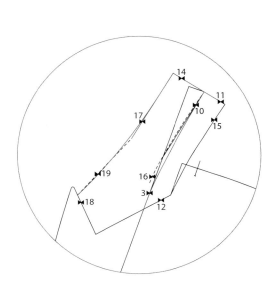

수정 – 선수정 [cl]
원하는 길이의 수치: 7.5↵   원하는 선: 11▶◀🖰

복사이동 – 복사이동 – 2점 방향 [cmv]
이동할 선: 10▶◀🖰
이동 방향, 거리를 2점 지시: 끝점(F1) 10▶◀, 14▶◀
이동할 선: 15▶◀🖰
이동 방향, 거리를 2점 지시: 끝점(F1) 15▶◀, 10▶◀

곡선수정 – 유사처리 – 유사이동 [sr]
대상 지시: 16▶◀🖰
이동 후의 선: 교점(Shift+F1) 3▶◀, 12▶◀

선의 종류 – 2점선 [l]
2점 지시: 17▶◀, 끝점 1↵, 18▶◀

곡선수정 – 선 합치기 [rc]
합칠 곡선 지시: 17▶◀, 19▶◀🖰   선의 점수: 9↵
설정 유무: s(수정: 그림 참고)↵

＊보조선은 삭제한다.

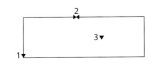

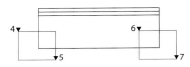

바운드 포켓 그리기

선의 종류 – 사각BOX [box]
폭: 16 ↵   길이: 5.5 ↵
처음 위치 1▼ (시작점 위치는 좌측 하단)

선의 종류 – 평행 [pl]
평행 기준선: 2▶◀
방향: 3▼   간격: 0.5 ↵
평행 기준선: 1 ↵ (간격 변경) 2▶◀
방향: 3▼

수정 – 단점이동 – 좌방향 [el]
이동할 영역: 4▼, 5▼   이동량: 0.3 ↵
이동할 영역: 6▼, 7▼   이동량: –0.2 ↵

수정 – 각수정 [fil]
곡선이 될 2개의 선: 8▶◀, 9▶◀
시작점: 끝점(F1) 0.5 ↵, 8▶◀
설정 유무: y ↵
곡선이 될 2개의 선: 10▶◀, 11▶◀
시작점: 끝점(F1) 0.5 ↵, 10▶◀
설정 유무: y ↵

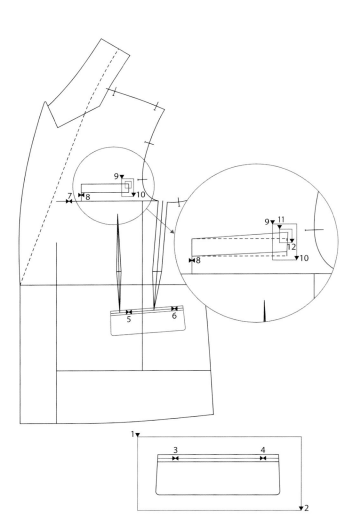

바운드 포켓 붙이기, 웰트 포켓 그리기

이동 – 이동 – 이동회전 [mvrt]
이동회전할 패턴: 영역교차 내(F5) 1▼, 2▼⟳
이동전 기준 2점: 3▶◀, 4▶◀
이동 후 기준 2점: 5▶◀, 6▶◀

선의 종류 – 2점선 [l]
2점 지시: 수치 5.5 ↵, 7▶◀, y2 ↵

선의 종류 – 사각BOX [box]
폭: 10.5 ↵   길이: 2 ↵
처음 위치: 끝점(F1) 8▶◀

수정 – 단점이동 – 상방향 [eu]
이동할 영역: 9▼, 10▼   이동량: 1 ↵
이동할 영역: 11▼, 12▼   이동량: 0.5 ↵

수정 – 단점이동 – 우방향 [er]
이동할 영역: 11▼, 12▼   이동량: 0.2 ↵

삭제 – 지정삭제 [d]
기준선: 8▶◀ ↵

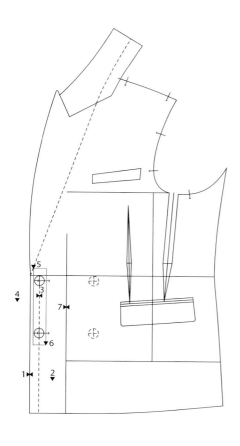

옆트임 및 단추위치 그리기

선의 종류 – 평행 [pl]
평행 기준선: 1▶◀
방향: 2▼ 간격: 2↵

기호 – 2기호 – 단추 [bt]
가로 방향 단추지름: 2.2
여유량: 0.3 단추수: 2
단추의 시작과 끝위치: 1.2↵ 3▶◀, 13.2↵ 3▶◀🖱
여유가 생길 방향: 4▼

삭제 – 지정삭제 [d]
기준선: 3▶◀↵

반전 – 복사반전 – 선반전 [cml]
반전할 대상: 영역 내(F4) 5▼, 6▼🖱
기준선: 7▶◀

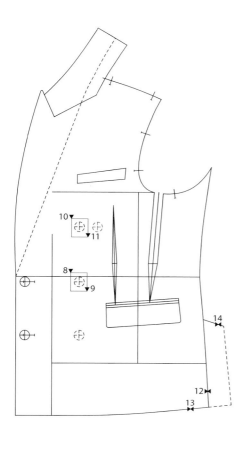

이동 – 복사이동 – 상방향 [cmvu]
이동할 선: 영역교차 내(F5) 8▼, 9▼🖱
이동량: 12.5↵

이동 – 이동 – 우방향 [mvr]
이동할 선: 영역교차 내(F5) 10▼, 11▼🖱
이동량: 4↵

선의 종류 – 2점선 [l]
2점 지시: 수치 20↵, 12▶◀, x4.5 y-1.5↵

수정 – 길이 조정 [n]
변경할 선의 수치: 5↵
선의 끝점: 13▶◀🖱

선의 종류 – 2점선 [l]
2점 지시: 13▶◀, 14▶◀

디자인 패턴-코트

Design
pattern
coat

Coat Sloper

Trench Coat with Raglan Sleeve

Duffle Coat

코트 원형 Coat Sloper

제도에 필요한 치수

필요 항목	인체 참고 치수
키(Stature)	175cm
가슴둘레(Chest Circumference)=C	96cm
허리둘레(Waist Circumference)=W	82cm
엉덩이둘레(Hip Circumference)=H	96cm
목둘레(Neck Circumference)=N	39cm
어깨사이길이(Biacromion Length)=S	46cm
등길이(Waist Back Length)	44cm
소매길이(Sleeve Length)	65cm

패턴 제도 시 가슴둘레는 C, 허리둘레는 W, 엉덩이둘레는 H, 목둘레는 N, 어깨사이길이는 S를 약자로 사용한다.

계산 치수

계산 항목	계산 치수
가슴둘레 여유분	1/2가슴둘레+12cm
앞가슴둘레 여유분	1/4가슴둘레+6cm
뒤가슴둘레 여유분	1/4가슴둘레+6cm
앞품 여유분	1/10가슴둘레×2−1cm+2cm
옆품 여유분	1/10가슴둘레+1cm+6.5cm
등품 여유분	1/10가슴둘레×2+3.5cm
진동깊이	1/7.5키+2.5cm
뒷목너비	(목둘레+2cm)/5+0.6cm
앞목너비	뒷목너비와 동일
앞목깊이	뒷목너비와 동일
엉덩이옆길이	1/9키
소맷부리	28cm

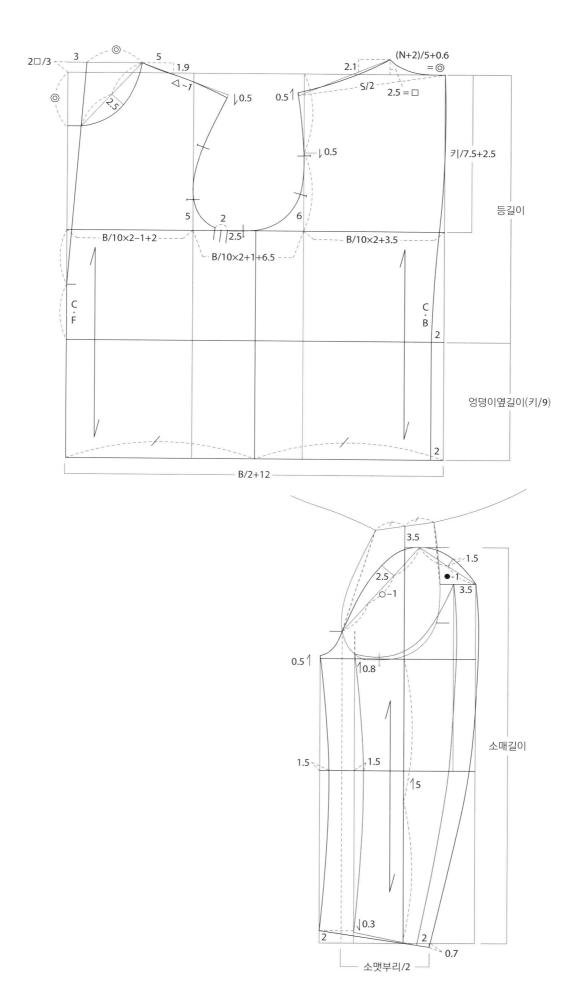

Scale 1/6

2□/3   3   5   1.9   2.1   (N+2)/5+0.6
                                                    = ◎
          2.5   △~1   0.5↑   S/2
                        ↓0.5   2.5 = □

                                         ↓0.5   키/7.5+2.5

                                                              등길이

                5   2   6
        B/10×2−1+2   ↓2.5   B/10×2+3.5

                  B/10×2+1+6.5

        C   C
        ·   ·   2
        F   B

                                              엉덩이옆길이(키/9)

                                         2

        B/2+12

                              3.5
                                         1.5
                         2.5   ●−1
                    ○−1   3.5
        0.5↑   ↓0.8

                                              소매길이

        1.5   1.5
                    ↑5

                ↓0.3
        2   2
                    0.7
        소맷부리/2

Back Drawing
뒤판 그리기

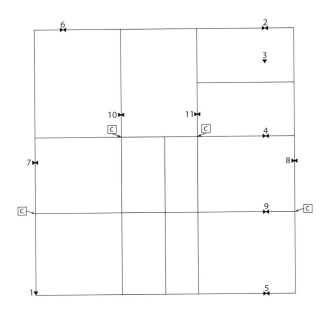

기초선 그리기

선의 종류 – 사각BOX [box]
폭: 60 ↵   길이: 63.5 ↵
처음 위치: 1▼ (시작점 위치는 좌측 하단)

폭: 가슴둘레/2+12
길이: 등길이+엉덩이길이(키/9)

선의 종류 – 평행 [pl]
평행 기준선: 2▶◀   방향: 3▼   간격: 25.8 ↵

진동깊이: 키/7.5+2.5

평행 기준선: 44 ↵ (간격 변경) 2▶◀   방향: 3▼
등길이: 44

선의 종류 – 수직선 [lv]
2점 지시: 중점(Shift+F2) 4▶◀, 5▶◀
2점 지시: 끝점(F1) 22.4 ↵ 2▶◀, 5▶◀

뒤품: 가슴둘레/10×2+3.2

2점 지시: 20 ↵ 6▶◀, 5▶◀

앞품: 가슴둘레/10×2-1+1.8

수정 – 선 자르기 [c]
자를 선: 7▶◀, 8▶◀👆   기준선: 9▶◀
자를 선: 10▶◀, 11▶◀👆   기준선: 4▶◀
선의 종류 – 수평선 [lh]
2점 지시: 중점(Shift+F2) 11▶◀, 8▶◀

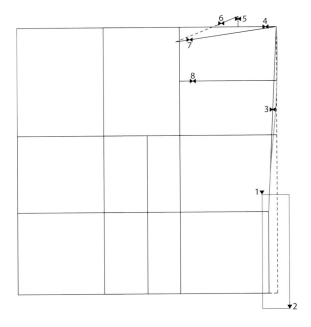

뒷목둘레선 및 어깨보조선 그리기

수정 – 단점이동 – 좌방향 [el]
이동할 영역: 1▼, 2▼   이동량: 2 ↵
곡선수정 – 선 합치기 [rc]
합칠 곡선 지시: 3▶◀👆   선의 점수: 8 ↵
설정 유무: s(수정: 그림 참고) ↵👆
선의 종류 – 2점선 [l]
2점 지시: 끝점 8.8 ↵, 4▶◀, y2.5 ↵
시작점: 5▶◀, x-5 y-2.1 ↵👆
선의 종류 – 기타 – 접선 [ld]
시작점: 끝점 4▶◀
접할 선: 6▶◀   선의 길이: 23.5 ↵
수정 – 편측수정 [k]
기준선: 7▶◀   수정할 선: 6▶◀👆

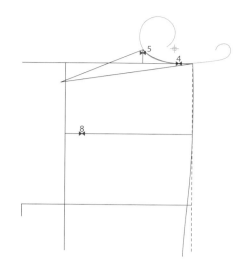

곡선수정 – 암홀곡자 [rd]

곡선검색리스트 – DCURVE🖱

마우스와 휠을 이용하여 원하는 위치에 놓는다.

🖱(팝업메뉴) – 곡선작성🖱 – 5▶◀, 4▶◀

이동할 점: 점을 옮기며 선을 수정한다. 🖱

수정 – 선수정 [cl]

원하는 길이의 수치: 1↵

원하는 선: 8▶◀🖱

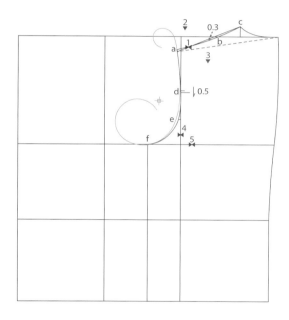

어깨선 및 뒤판 암홀 그리기

선의 종류 – 직각선 [lq]

기준선: 1▶◀   선의 길이: 0.5↵

시작점: 1▶◀   방향: 2▼

선의 종류 – 직각선 [lq]

기준선: 1▶◀   선의 길이: 0.3↵

시작점: 중점(Shift+F2) 1▶◀   방향: 3▼

수정 – 선 자르기 [c]

자를 선: 4▶◀🖱   기준선: 5▶◀

선의 종류 – 2점선 [l]

2점 지시: 끝점수치 6↵, 4▶◀, x-0.5↵

선의 종류 – 곡선 [crv]

점열 지시: 끝점(F1) a, b, c↵

이동 – 이동 – 하방향 [mvd]

이동할 선: 선 d   이동량: 0.5↵

곡선수정 – 암홀곡자 [rd]

곡선검색리스트 – DCURVE🖱

마우스와 휠을 이용하여 원하는 위치에 놓는다.

🖱(팝업메뉴) – 곡선작성🖱 – a, f

이동할 점: 점을 옮기며 선을 수정한다. 🖱

Front Drawing
앞판 그리기

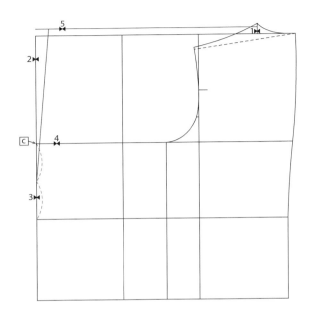

앞중심선 기울기 그리기

선의 종류 – 수평선 [lh]
2점 지시: 비율점(Shift+F3) 0.66 ↵ 1▶◁, 2▶◁
수정 – 선 자르기 [c]
자를 선: 3▶◁👆 기준선: 4▶◁
선의 종류 – 2점선 [l]
2점 지시: 중점(Shift+F2) 3▶◁
　　　　　　끝점(F1) 3 ↵, 5▶◁

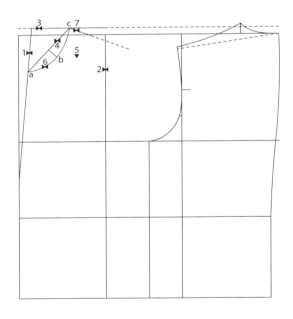

앞목둘레선 및 보조선 그리기

수정 – 양측수정 [b]
기준이 되는 2개의 선: 1▶◁, 2▶◁
수정할 선: 3▶◁👆
선의 종류 – 2점선 [l]
2점 지시: 끝점 8.8 ↵ 3▶◁,
　　　　　　끝점 10.5 ↵ 1▶◁
선의 종류 – 직각선 [lq]
기준선: 4▶◁ 선의 길이: 2.5 ↵
시작점: 중점(Shift+F2) 4▶◁ 방향: 5▼
선의 종류 – 곡선 [crv]
점열 지시: 끝점(F1) a, b, c ↵
곡선수정 – 선 합치기 [rc]
합칠 곡선 지시: 6▶◁👆
선의 점수: 6 ↵ 설정 유무: s(수정: 그림 참고) ↵👆
선의 종류 – 2점선 [l]
2점 지시: 4▶◁, x5 y-1.9 ↵👆
수정 – 선수정 [cl]
원하는 길이의 수치: 14.7 ↵
원하는 선: 7▶◁👆
수정 – 각결정 [km]
만나는 2개 선: 1▶◁, 6▶◁

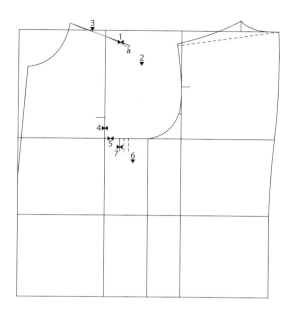

어깨선 및 앞암홀 그리기

선의 종류 – 직각선 [lq]

기준선: 1▶◀   선의 길이: 0.5↵

시작점: 1▶◀   방향: 2▼

곡선수정 – 곡선수정 – 임의수정 [str]

수정할 선의 끝점: 1▶◀   이동 후 끝점: a

곡의 시작점: 3▼   설정 유무: y↵

선의 종류 – 2점선 [l]

2점 지시: 끝점수치 5↵, 4▶◀, x-2↵

수정 – 선 자르기 [c]

자를 선: 5▶◀🖰   기준선: 4▶◀

선의 종류 – 직각선 [lq]

기준선: 5▶◀   선의 길이: 3↵

시작점: 끝점수치 3↵, 5▶◀   방향: 6▼

선의 종류 – 평행 [pl]

평행 기준선: 7▶◀ 방향: 6▼   간격: 1↵

평행 기준선: 7▶◀ (간격 변경) 2↵, 방향: 6▼

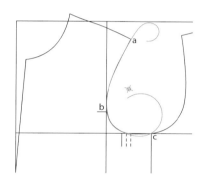

곡선수정 – 암홀곡자 [rd]

곡선검색리스트 – DCURVE🖰

마우스와 휠을 이용하여 b를 통과하는 위치에 놓는다.

🖰(팝업메뉴) – 곡선작성🖰 – a, c

이동할 점: 점을 옮기며 선을 수정한다. 🖰

Sleeve Drawing
소매 그리기

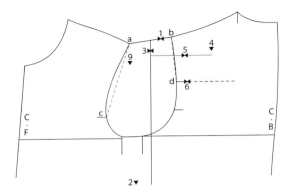

기초선 그리기

* 앞·뒤판의 암홀라인을 붙여 놓는다.

선의 종류 – 2점선 [l]
2점 지시: (a, b), (a, c), (b, d) 각각 연결

선의 종류 – 수직선 [lv]
2점 지시: 중점(Shift+F2) 1▶◀, 임의점(F2) 2▼

선의 종류 – 수평선 [lh]
2점 지시: 끝점수치 3.5↵, 3▶◀, 임의점(F2) 4▼

수정 – 편측수정 [k]
기준선: 5▶◀   수정할 선: 3▶◀👆

선의 종류 – 기타 – 접선 [ld]
시작점: c▶◀   접할 선: 5▶◀
선의 길이: 18.58↵ (a, c 직선길이+1)

수정 – 길이 조정 [n]
변경할 선의 수치: 10↵   선의 끝점: 6▶◀👆

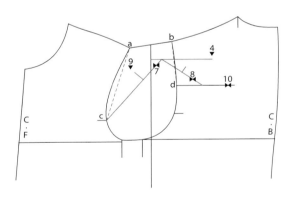

선의 종류 – 기타 – 접선 [ld]
시작점: 7▶◀   접할 선: 10▶◀
선의 길이: 10.8↵ (b, d 직선길이+0.5)

선의 종류 – 직각선 [lq]
기준선: 7▶◀   선의 길이: 2.5↵
시작점: 비율점(Shift+F3) 0.333↵, 7▶◀
방향: 9▼

선의 종류 – 직각선 [lq]
기준선: 8▶◀   선의 길이: 1.5↵
시작점: 중점(Shift+F2) 8▶◀   방향: 4▼

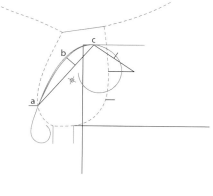

겉소매 그리기

＊선 정리: 보조선은 지운다.

곡선수정 – 암홀곡자 [rd]
곡선검색리스트 – DCURVE🖱
마우스와 휠을 이용하여 b를 통과하는 위치에 놓는다.
🖱(팝업메뉴) – 곡선작성🖱 – c, a
이동할 점: 점을 옮기며 선을 수정한다. 🖱

곡선수정 – 암홀곡자 [rd]
곡선검색리스트 – DCURVE🖱
마우스와 휠을 이용하여 d를 통과하는 위치에 놓는다.
🖱(팝업메뉴) – 곡선작성🖱 – c, e
이동할 점: 점을 옮기며 선을 수정한다. 🖱

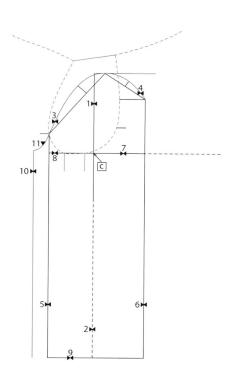

수정 – 선수정 [cl]
원하는 길이의 수치: 65↵
원하는 선: 1▸◂🖱
선의 종류 – 수직선 [lv]
2점 지시: 3▸◂, 2▸◂
2점 지시: 4▸◂, 2▸◂
선의 종류 – 2점선 [l]
2점 지시: 5▸◂, 6▸◂
수정 – 양측수정 [b]
기준이 되는 2개의 선: 5▸◂, 6▸◂
수정할 선: 7▸◂🖱
선의 종류 – 수직선 [lv]
2점 지시: 끝점수치 -3.5↵ 8▸◂, 9▸◂
수정 – 길이 조정 [n]
변경할 선의 수치: 0.5↵　선의 끝점: 10▸◂🖱
선의 종류 – 곡선 [crv]
점열 지시: 끝점(F1) 10▸◂
임의점(F2) 11▼, 끝점(F1) 3▸◂
수정 – 선 자르기 [c]
자를 선: 1▸◂🖱　기준선: 7▸◂

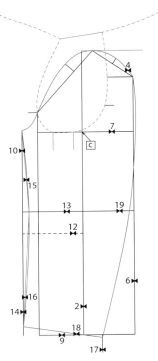

선의 종류 – 수평선 [lh]
2점 지시: 중점(Shift+F2) 2►◀, 10►◀
이동 – 이동 – 상방향 [mvu]
이동할 선: 12►◀ ⏎   이동량: 5 ⏎
수정 – 편측수정 [k]
기준선: 6►◀   수정할 선: 13►◀👆
선의 종류 – 연속선 [lc]
시작점: 끝점(F1) 10►◀, 1.5 ⏎ 13►◀, 2 ⏎ 14►◀👆
곡선수정 – 선 합치기 [rc]
합칠 곡선 지시: 15►◀, 16►◀👆   선의 점수: 9 ⏎
설정 유무: s(수정: 그림 참고) ⏎
선의 종류 – 2점선 [l]
2점 지시: 16►◀, 2►◀
2점 지시: 끝점수치 14 ⏎ 9►◀, y-3 ⏎
수정 – 편측수정 [k]
기준선: 17►◀   수정할 선: 18►◀👆
선의 종류 – 곡선 [crv]
점열 지시: 끝점(F1) 4►◀, 수치 -0.5 ⏎ 7►◀
    수치 1 ⏎ 19►◀ , 수치 0 ⏎ 18►◀👆
* 보조선 삭제 및 정리

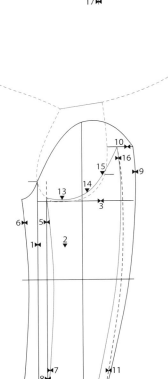

안소매 그리기

선의 종류 – 평행 [pl]
평행 기준선: 1►◀   방향: 2▼   간격: 2 ⏎
수정 – 양측수정 [b]
기준이 되는 2개의 선: 3►◀, 4►◀
수정할 선: 5►◀👆
수정 – 길이 조정 [n]
변경할 선의 수치: 0.8 ⏎   선의 끝점: 5►◀👆
복사이동 – 복사이동 – 2점 방향 [cmv]
이동할 선: 6►◀👆
이동 방향, 거리를 2점 지시: 끝점(F1) 6►◀, 5►◀
곡선수정 – 유사처리 – 유사이동 [sr]
대상 지시: 7►◀👆
이동 후의 선: 수치 0.5 ⏎ 8►◀
선의 종류 – 2점선 [l]
2점 지시: 7►◀, 수치 2 ⏎ 4►◀
곡선수정 – 유사처리 – 복사이동 [csr]
대상 지시: 9►◀👆   이동 후의 선: 수치 3.5 ⏎ 10►◀
곡선수정 – 유사처리 – 유사이동 [sr]
대상 지시: 11►◀👆   이동 후의 선: 12►◀
선의 종류 – 곡선 [crv]
점열 지시: 끝점(F1) 5►◀, 임의점(F2) 13▼, 14▼, 15▼, 끝점(F1) 16►◀👆
 * 보조선 삭제 및 정리

몸판, 소매 너치 확인하기

기호 - 2기호 - 너치 [aij]

2.5cm 간격의 d너치를 만든다.

기호 - 2기호 - 봉제너치 [ana]

앞·뒤 어깨선에 봉제너치를 만든다.

소매 솔기선에 봉제너치를 만든다.

기호 - 2기호 - 자동너치 [ajs]

몸판 진동둘레선과 소매산 곡선에 오그림 분량을 배분한 후 자동너치를 만든다.

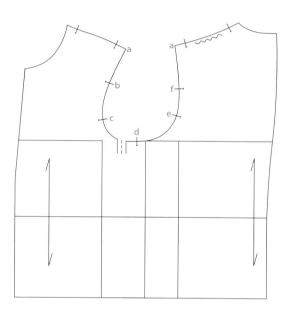 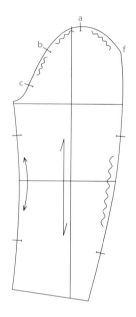 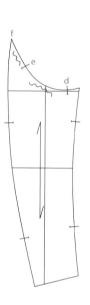

전체 오그림 분량을 소매의 앞진동둘레선에 40%, 소매의 뒤진동둘레선에 60%를 배분한다.

소매 오그림 분량은 다음과 같다.

소매구간	오그림 분량	
a-b	40%	0.9cm
b-c		0.5cm
c-d	0%	0
d-e	20%	0.7cm
e-f	40%	0.4cm
f-a		1cm
전체 오그림 분량	3.5cm	

트렌치코트 Trench coat with raglan sleeve

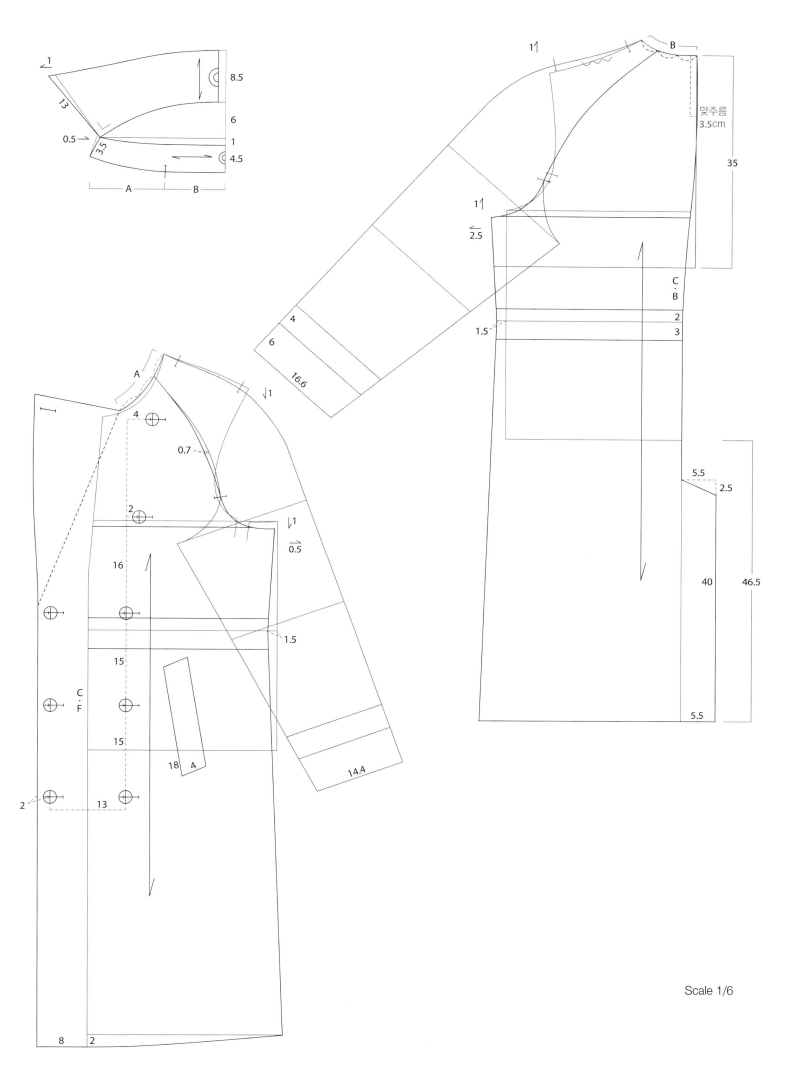

Scale 1/6

Front & Back Base line Drawing
앞·뒤판 기본선 그리기

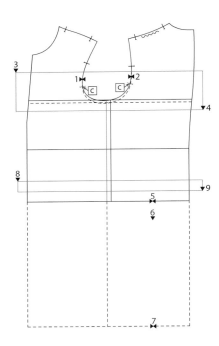

앞·뒤판 코트 원형 준비

옆선이동 및 길이 조정하기

암홀라인의 다트분을 삭제한 후 옆선을 앞중심 쪽으로
1.5cm를 이동시킨다.

수정 – 선 자르기 [c]

자를 선: 1▶◀🖰 기준선: 너치(Fn)

자를 선: 2▶◀🖰 기준선: 너치(Bn)

수정 – 단점이동 – 하방향 [ed]

이동할 영역: 3▼, 4▼ 이동량: 1↵

선의 종류 – 평행 [pl]

평행 기준선: 5▶◀

방향: 6▼ 간격: 46.5↵

수정 – 편측수정 [k]

기준선: 7▶◀

수정할 선: 영역교차 내(F5) 8▼, 9▼🖰

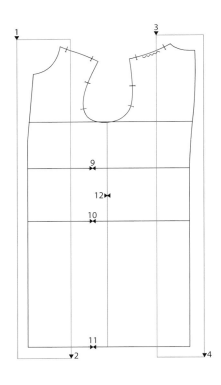

품 수정하기

수정 – 단점이동 – 좌방향 [el]

이동할 영역: 1▼, 2▼

이동량: 0.5↵

이동할 영역: 3▼, 4▼

이동량: −0.5↵

수정 – 선 자르기 [c]

자를 선: 9▶◀, 10▶◀, 11▶◀🖰

기준선: 12▶◀

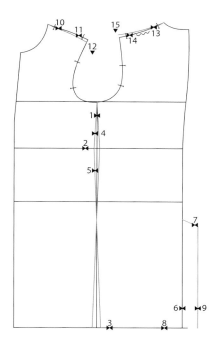

옆선, 뒤트임선 및 어깨선 각도 조절하기

선의 종류 – 연속선 [lc]
시작점: 끝점(F1) 1▶◀, 수치 1↵ 2▶◀,
　　　　　수치 1.5↵ 3▶◀ 👆

반전 – 복사반전 – 선반전 [cml]
반전할 대상: 4▶◀, 5▶◀ 👆　기준선: 1▶◀

선의 종류 – 2점선 [l]
2점 지시: 수치 40↵, 6▶◀, x5.5 y-2.5↵

선의 종류 – 수직선 [lv]
2점 지시: 7▶◀, 6▶◀

수정 – 각결정 [km]
만나는 2개 선: 8▶◀, 9▶◀

회전 – 회전 – 회전량 [re]
회전할 패턴: 10▶◀ 👆
회전할 중심: 10▶◀　움직일 점: 11▶◀
이동량: 1↵　　방향: 12▼
회전할 패턴: 13▶◀ 👆
회전할 중심: 13▶◀　움직일 점: 14▶◀
이동량: 1↵　　방향: 15▼

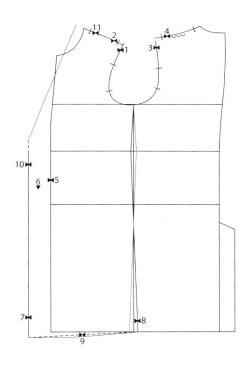

앞판 밑단선 및 라펠 꺾임선 그리기

곡선수정 – 유사처리 – 유사이동 [sr]
대상 지시: 1▶◀ 👆　이동 후의 선: 2▶◀
대상 지시: 3▶◀ 👆　이동 후의 선: 4▶◀

선의 종류 – 평행 [pl]
평행 기준선: 5▶◀
방향: 6▼　간격: 8↵

수정 – 길이 조정 [n]
변경할 선의 수치: 2↵
선의 끝점: 7▶◀ 👆

선의 종류 – 2점선 [l]
2점 지시: 7▶◀, 8▶◀

곡선수정 – 선 합치기 [rc]
합칠 곡선 지시: 9▶◀ 👆　선의 점수: 8↵
설정 유무: s(수정: 그림 참고)↵

수정 – 길이 조정 [n]
변경할 선의 수치: 4↵
선의 끝점: 10▶◀ 👆

선의 종류 – 2점선 [l]
2점 지시: 10▶◀, 끝점수치 -3↵ 11▶◀

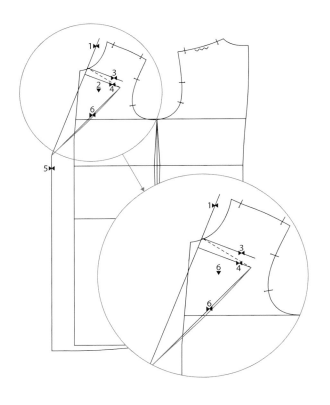

라펠 그리기

선의 종류 – 직각선 [lq]
기준선: 1▶◀   선의 길이: 13.5↵
시작점: 끝점 11.5↵, 1▶◀   방향: 2▼

선의 종류 – 평행 [pl]
평행 기준선: 5▶◀
방향: 6▼   간격: 8↵

곡선수정 – 유사처리 – 유사이동 [sr]
대상 지시: 3▶◀🖱
이동 후의 선: 4▶◀

선의 종류 – 2점선 [l]
2점 지시: 4▶◀, 5▶◀

곡선수정 – 선 합치기 [rc]
합칠 곡선 지시: 6▶◀🖱
선의 점수: 7↵
설정 유무: s(수정: 그림 참고)↵
* 보조선을 삭제한다.

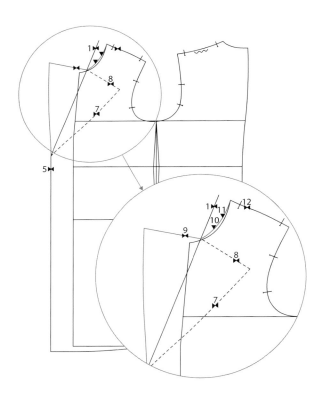

반전 – 반전 – 선반전 [ml]
반전할 대상: 7▶◀, 8▶◀🖱
기준선: 1▶◀

선의 종류 – 곡선 [crv]
점열 지시: 끝점(F1) 9▶◀,
           임의점(F2) 10▼, 11▼,
           끝점(F1) 12▶◀🖱

수정 – 편측수정 [k]
기준선: 9▶◀
수정할 선: 1▶◀🖱
* 보조선을 삭제한 후 앞판과 뒤판을 분리한다.

Sleeve Drawing
소매 그리기

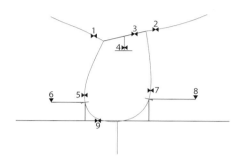

앞뒤 암홀 및 어깨선과 너치 복사

보조선 그리기

선의 종류 – 2점선 [l]

2점 지시: 1►◄, 2►◄

2점 지시: 중간점(Shift+F2) 3►◄, y-4↵

2점 지시: 끝점(F1) 4►◄, x 2↵

2점 지시: 4►◄, x -2.5↵

선의 종류 – 수평선 [lh]

2점 지시: 5►◄, 임의점(F2) 6▼

2점 지시: 끝점(F1) 7►◄, 임의점(F2) 8▼

선의 종류 – 수직선 [lv]

2점 지시: 5►◄, 9►◄

2점 지시: 7►◄, 9►◄

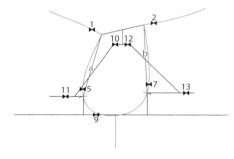

점의 직선거리 확인 [ds]

2점 지시: 1►◄, 5►◄

선의 종류 – 기타 – 접선 [ld]

시작점: 10►◄

접할 선: 11►◄

선의 길이: (a길이)↵

점의 직선거리 확인 [ds]

2점 지시: 2►◄, 7►◄

선의 종류 – 기타 – 접선 [ld]

시작점: 12►◄

접할 선: 13►◄

선의 길이: (b길이)↵

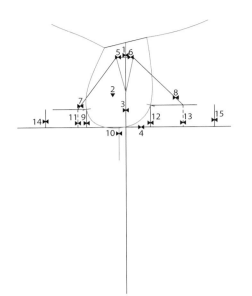

소매길이

선의 종류 – 기타 – 연장선 [lt]
기준선: 1▶◀   선의 길이: 65↵
시작점 지시: 1▶◀   방향: 2▼

수정 – 선 자르기 [c]
자를 선: 3▶◀🖰   기준선: 4▶◀

선의 종류 – 2점선 [l]
2점 지시: 5▶◀, 중간점(Shift+F2) 3▶◀
2점 지시: 중간점(Shift+F2) 3▶◀, 끝점(F1) 5▶◀

선의 종류 – 수직선 [lv]
2점 지시: 7▶◀, 4▶◀
2점 지시: 8▶◀, 4▶◀

이동 – 복사이동 – 2점 방향 [cmv]
이동할 선: 9▶◀🖰, 끝점(F1) 10▶◀, 11▶◀
이동할 선: 12▶◀🖰, 끝점(F1) 10▶◀, 13▶◀

반전 – 반전 – 선반전 [ml]
반전할 대상: 14▶◀, 15▶◀🖰
기준선: 4▶◀

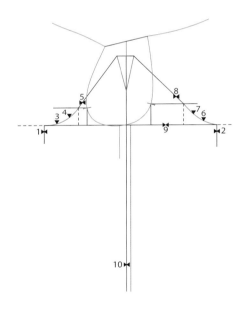

소매통 그리기

이동 – 이동 – 좌방향 [mvl]
이동할 선: 1▶◀🖰   이동량: 0.5↵
이동할 선: 2▶◀🖰   이동량: −0.5↵

선의 종류 – 곡선 [crv]
점열 지시: 끝점(F1) 1▶◀,
　　　　　　임의점(F2) 3▼, 4▼,
　　　　　　끝점(F1) 5▶◀🖰
점열 지시: 끝점(F1) 2▶◀,
　　　　　　임의점(F2) 6▼, 7▼,
　　　　　　끝점(F1) 8▶◀🖰

수정 – 양측수정 [b]
기준이 되는 2개의 선: 1▶◀, 2▶◀
수정할 선: 9▶◀🖰

선의 종류 – 수직선 [lv]
2점 지시: 중간점(Shift+F2) 9▶◀, 끝점(F1) 10▶◀

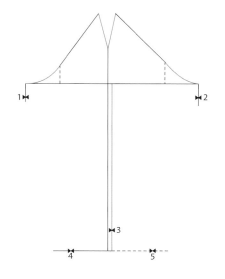

소맷부리 그리기

삭제 – 지정삭제 [d]

보조선 삭제

선의 종류 – 2점선 [l]

2점 지시: 3▶◀, x −15.5 ↵

반전 – 복사반전 – 선반전 [cml]

반전할 대상: 4▶◀ 🖰

기준선: 3▶◀

곡선수정 – 유사처리 – 유사이동 [sr]

대상 지시: 1▶◀ 🖰

이동 후의 선: 4▶◀

대상 지시: 2▶◀ 🖰

이동 후의 선: 5▶◀

앞·뒤소매 분리하기

선의 종류 – 수평선 [lh]

2점 지시: 중간점(Shift+F2) 1▶◀, 2▶◀

이동 – 이동 – 상방향 [mvu]

이동할 선: 3▶◀ ↵

이동량: 5 ↵

반전 – 복사반전 – 선반전 [cml]

반전할 대상: 4▶◀ 🖰

기준선: 1▶◀

패턴 – 분할분리 – 2점 방향 [b2]

이동할 영역: 6▼, 7▼

절개선: 1▶◀, 5▶◀ 🖰

이동할 측 패턴: 8▼

이동할 방향 2점 지시: 8▼, 9▼

Front & Back Raglan Sleeve Drawing
앞·뒤판 래글런 소매 그리기

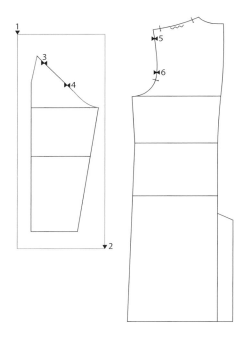

뒤판과 소매 붙이기

이동 – 이동 – 이동회전 [mvrt]
이동회전할 패턴: 영역교차 내(F5) 1▼, 2▼🖰
이동전 기준 2점: 3▶◀, 4▶◀
이동 후 기준 2점: 5▶◀, 6▶◀

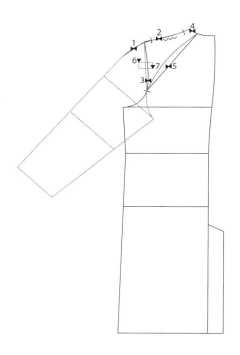

래글런선 그리기

곡선수정 – 선 합치기 [rc]
합칠 곡선 지시: 1▶◀, 2▶◀🖰
선의 점수: 8↵
설정 유무: s(수정: 그림 참고)↵
선의 종류 – 2점선 [l]
2점 지시: 3▶◀, 비율점(Shift+F3) 0.33↵, 4▶◀
곡선수정 – 선 합치기 [rc]
합칠 곡선 지시: 5▶◀🖰
선의 점수: 6↵
설정 유무: s(수정: 그림 참고)↵
삭제 – 지정삭제 [d]
기준선: 영역교차 내(F5) 6▼, 7▼🖰

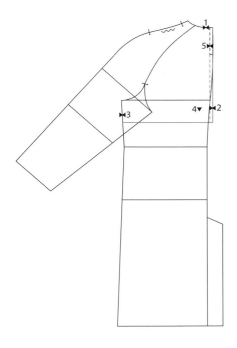

뒷날개(cape back) 그리기

선의 종류 – 2점선 [l]

2점 지시: 1▶◀, y -35↵

선의 종류 – 수평선 [lh]

2점 지시: 2▶◀, 3▶◀

기호 – 1기호 – 스티치 [st]

대상선: 2▶◀   방향: 4▼

간격: 1↵

수정 – 선수정 [cl]

원하는 길이의 수치: 10↵

원하는 선: 5▶◀🖰

선의 종류 – 수평선 [lh]

2점 지시: 5▶◀, 2▶◀

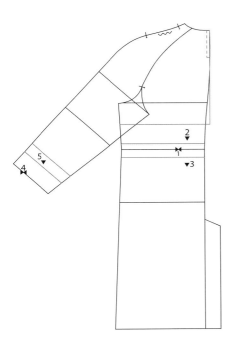

벨트 및 덧단 그리기

선의 종류 – 평행 [pl]

평행 기준선: 1▶◀

방향: 2▼   간격: 2↵

평행 기준선: (간격 변경) 3↵, 1▶◀

방향: 3▼

평행 기준선: (간격 변경) 6↵, 4▶◀

방향: 5▼

평행 기준선: (간격 변경) 10↵, 4▶◀

방향: 5▼

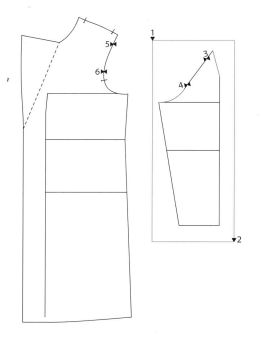

앞판과 소매 붙이기

이동 – 이동 – 이동회전 [mvrt]
이동회전할 패턴: 영역교차 내(F5) 1▼, 2▼🖱
이동 전 기준 2점: 3▶◀, 4▶◀
이동 후 기준 2점: 5▶◀, 6▶◀

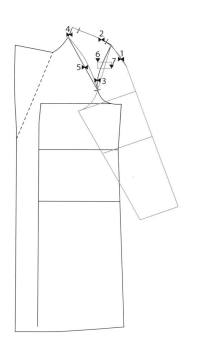

래글런선 그리기

곡선수정 – 선 합치기 [rc]
합칠 곡선 지시: 1▶◀, 2▶◀🖱
선의 점수: 8↵
설정 유무: s(수정: 그림 참고)↵
선의 종류 – 2점선 [l]
2점 지시: 3▶◀, 비율점(Shift+F3) 0.33↵, 4▶◀
곡선수정 – 선 합치기 [rc]
합칠 곡선 지시: 5▶◀🖱
선의 점수: 6↵
설정 유무: s(수정: 그림 참고)↵
삭제 – 지정삭제 [d]
기준선: 영역교차 내(F5) 6▼, 7▼🖱

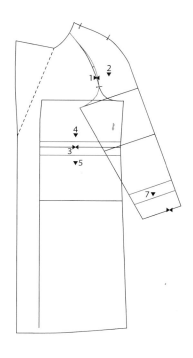

벨트 및 덧단 그리기

선의 종류 – 직각선 [lq]

기준선: 1▶◀   선의 길이: 0.7↵

시작점: 비율점(Shift+F3) 0.33↵, 1▶◀

방향: 2▼

선의 종류 – 평행 [pl]

평행 기준선: 3▶◀

방향: 4▼   간격: 2↵

평행 기준선: (간격 변경) 3↵, 3▶◀

방향: 5▼

평행 기준선: (간격 변경) 6↵, 6▶◀

방향: 7▼

평행 기준선: (간격 변경) 10↵, 6▶◀

방향: 7▼

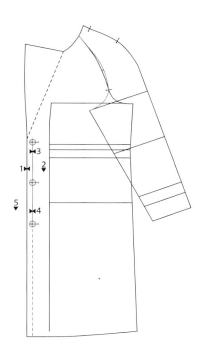

단추 그리기-1열

선의 종류 – 평행 [pl]

평행 기준선: 1▶◀

방향: 2▼   간격: 2↵

수정 – 길이 조정 [n]

변경할 선의 수치: -1.2↵

선의 끝점: 3▶◀🖱

수정 – 선수정 [cl]

원하는 길이의 수치: 30↵

원하는 선: 3▶◀🖱

기호 – 2기호 – 단추 [bt]

가로 방향   단추지름: 2.1

여유량: 0.3   단추수: 3

단추의 시작과 끝위치: 3▶◀, 4▶◀🖱

여유가 생길 방향: 5▼

삭제 – 지정삭제 [d]

기준선: 4▼🖱

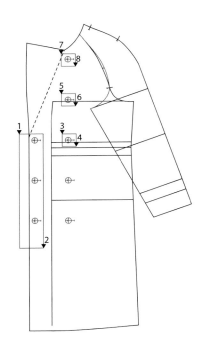

단추 그리기-2열

복사이동 – 복사이동 – 우방향 [cmvr]
이동할 선: 영역 내(F4) 1▼, 2▼🖲
이동량: 12⏎
복사이동 – 복사이동 – 상방향 [cmvu]
이동할 선: 영역 내(F4) 3▼, 4▼🖲
이동량: 15.5⏎
이동할 선: 영역 내(F4) 3▼, 4▼🖲
이동량: 31⏎
이동 – 이동 – 우방향 [mvr]
이동할 선: 영역 내(F4) 5▼, 6▼🖲
이동량: 2⏎
이동할 선: 영역 내(F4) 7▼, 8▼🖲
이동량: 2⏎

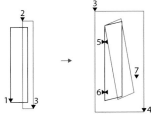

주머니 그리기

선의 종류 – 사각BOX [box]
폭: 4⏎   길이: 18⏎
처음 위치 1▼ (시작점 위치는 좌측 하단)
수정 – 단점이동 – 상방향 [eu]
이동할 영역: 2▼, 3▼   이동량: 1⏎
회전 – 회전 – 회전량 [re]
회전할 패턴: 영역 내(F4) 3▼, 4▼🖲
회전할 중심: 5▶◀   움직일 점: 6▶◀
이동량: 3⏎   방향: 7▼

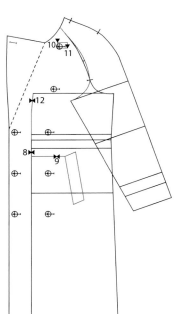

선의 종류 – 2점선 [l]
2점 지시: 끝점(F1) 6⏎ 8▶◀, x 12⏎
이동 – 이동 – 2점 방향 [mv]
이동할 선: 영역 내(F4) 3▼, 4▼🖲
이동 방향, 거리를 2점 지시: 끝점(F1) 5▶◀, 9▶◀
반전 – 복사반전 – 선반전 [cml]
반전할 대상: 영역 내(F4) 10▼, 11▼🖲
기준선: 12▶◀

Collar Band & Collar Drawing

칼라밴드·칼라 그리기

밴드칼라 그리기

선의 종류 – 사각BOX [box]

폭: (앞목둘레+뒷목둘레) 21.5↵

길이: (밴드높이) 4.5↵

처음 위치 1▼ (시작점 위치는 좌측 하단)

선의 종류 – 평행 [pl]

평행 기준선: 2►◄

방향: 3▼

간격: (뒷목둘레) 9.5↵

곡선수정 – 곡선수정 – 상방향 [stu]

수정할 선의 끝점: 4►◄

이동량: 2.5↵

곡의 시작점: 5▼   설정 유무: y↵

선의 종류 – 직각선 [lq]

기준선: 6►◄   선의 길이: 3.5↵

시작점: 6►◄   방향: 7▼

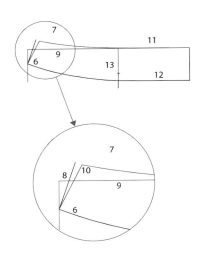

회전 – 회전 – 회전량 [re]

회전할 패턴: 8▶◀   회전할 중심: 6▶◀

움직일 점: 8▶◀   이동량: 0.5↵

방향: 7▼

곡선수정 – 곡선수정 – 임의수정 [str]

수정할 선의 끝점: 9▶◀   이동 후 끝점: 10▶◀

곡의 시작점: 11▼   설정 유무: y↵

기호 – 2기호 – 너치화 [agn]

대상요소를 지시[순서대로]: 12▶◀🖰

너치를 순서대로 지시: 13▶◀🖰

너치를 역순으로 지시: 🖰

너치 설정창: 수정 후 설정

너치의 원 생성방향 지시: 11▼

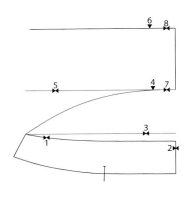

칼라 그리기(트렌치코트형)

선의 종류 – 수평선 [lh]

2점 지시: 1▶◀, 2▶◀

선의 종류 – 평행 [pl]

평행 기준선: 3▶◀

방향: 4▼   간격: 6↵

평행 기준선: 5▶◀

간격: 8.5↵   방향: 6▼

선의 종류 – 2점선 [l]

2점 지시: 7▶◀, 8▶◀

곡선수정 – 곡선수정 – 임의수정 [str]

수정할 선의 끝점: 5▶◀

이동 후 끝점: 1▶◀

곡의 시작점: 4▼

설정 유무: y↵

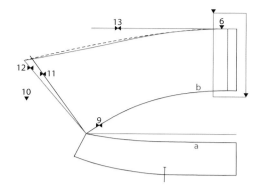

선의 종류 – 직각선 [lq]

기준선: 9▶◀

선의 길이: 13↵

시작점: 9▶◀   방향: 10▼

회전 – 회전 – 회전량 [re]

회전할 패턴: 11▶◀

회전할 중심: 9▶◀

움직일 점: 11▶◀

이동량: 1↵

방향: 10▼

곡선수정 – 곡선수정 – 임의수정 [str]

수정할 선의 끝점: 13▶◀

이동 후 끝점: 12▶◀

곡의 시작점: 6▼

설정 유무: y↵

곡선수정 – 선 합치기 [rc]

합칠 곡선 지시: 14▶◀👆

선의 점수: 9↵

설정 유무: s↵(그림 참고)👆

a와 b의 길이를 확인한 후 b의 길이를 수정한다.

더플코트 Duffle Coat

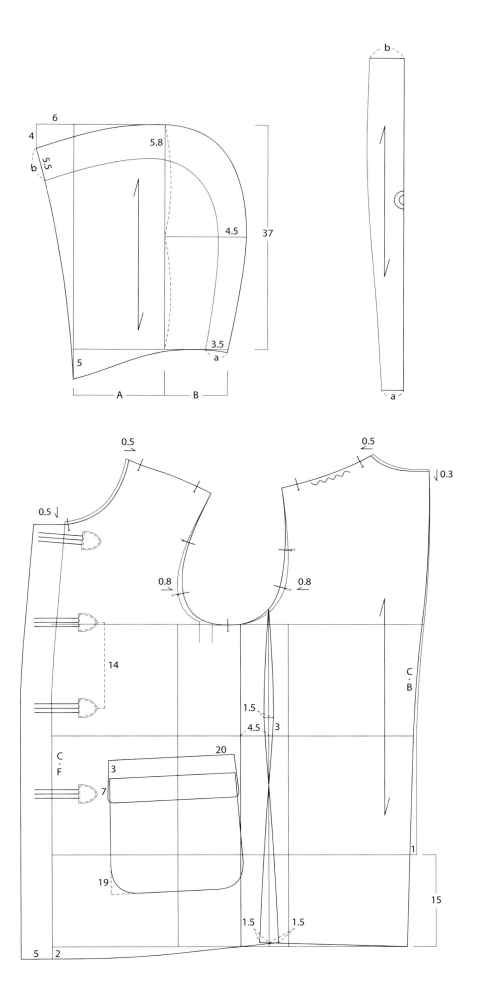

Scale 1/6

Front & Back Drawing
앞·뒤판 그리기

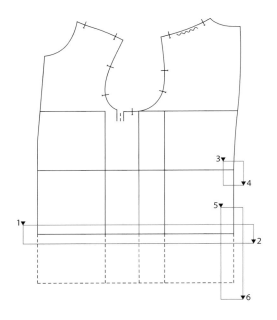

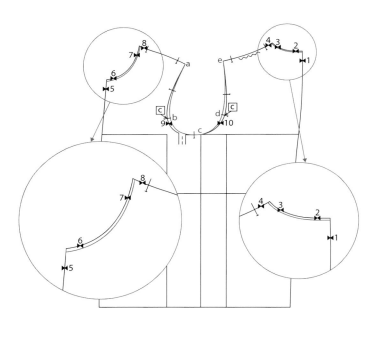

앞·뒤판 코트 원형 준비

길이 및 여유분 수정하기

수정 – 단점이동 – 하방향 [ed]
이동할 영역: 1▼, 2▼
이동량: 15⏎
수정 – 단점이동 – 좌방향 [el]
이동할 영역: 3▼, 4▼
이동량: 0.5⏎
이동할 영역: 5▼, 6▼
이동량: 1.5⏎

목둘레 수정 및 암홀둘레 수정하기

곡선수정 – 유사처리 – 유사이동 [sr]
대상 지시: 1▶️, 2▶️🖱
이동 후의 선: 수치 0.3⏎, 1▶️
수치 변경 0.5⏎
대상 지시: 3▶️, 4▶️🖱   이동 후의 선: 4▶️
대상 지시: 7▶️, 8▶️🖱   이동 후의 선: 8▶️
대상 지시: 5▶️, 6▶️🖱   이동 후의 선: 5▶️

수정 – 선 자르기 [c]
자를 선: 9▶️🖱   기준선: 너치
자를 선: 10▶️🖱   기준선: 너치
선의 종류 – 곡선 [crv]
점열 지시: 끝점(F1) a~e▶️ 연결
＊점 b와 점 d에서 0.8~1cm 품을 키워 연결한다.
삭제 – 지정삭제 [d]
기본 암홀라인 삭제

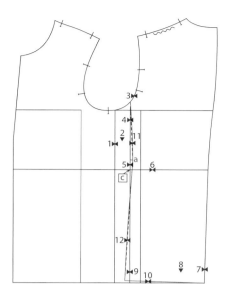

뒤판 프린세스라인 및 밑단 그리기

선의 종류 – 평행 [pl]
평행 기준선: 1▶◀
방향: 2▼　간격: 4.5↵

수정 – 편측수정 [k]
기준선: 3▶◀　수정할 선: 4▶◀🖱

수정 – 선 자르기 [c]
자를 선: 5▶◀🖱　기준선: 6▶◀

선의 종류 – 2점선 [l]
2점 지시: 끝점수치 3↵　5▶◀, x0.75↵

선의 종류 – 직각선 [lq]
기준선: 7▶◀　선의 길이: 20↵
시작점: 7▶◀　방향: 8▼

수정 – 편측수정 [k]
기준선: 9▶◀　수정할 선: 10▶◀🖱

수정 – 길이 조정 [n]
변경할 선의 수치: 1.5↵
선의 끝점: 10▶◀🖱

선의 종류 – 연속선 [lc]
시작점: 끝점(F1) 4▶◀, a▶◀, 끝점(F1) 10▶◀🖱

곡선수정 – 선 합치기 [rc]
합칠 곡선 지시: 11▶◀🖱　선의 점수: 8↵
설정 유무: s(수정: 그림 참고)↵
합칠 곡선 지시: 12▶◀🖱　선의 점수: 8↵
설정 유무: s(수정: 그림 참고)↵

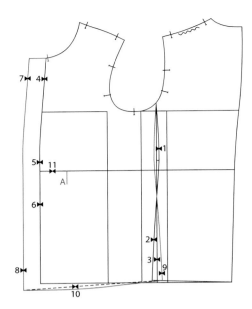

앞 낸단분 및 포켓 위치 그리기

반전 – 복사반전 – 선반전 [cml]
반전할 대상: 1▶◀, 2▶◀🖱   기준선: 3▶◀

곡선수정 – 선 합치기 [rc]
합칠 곡선 지시: 4▶◀, 5▶◀, 6▶◀🖱
선의 점수: 11⏎   설정 유무: y⏎

복사이동 – 복사이동 – 좌방향 [cmvl]
이동할 선: 5▶◀🖱   이동량: 5⏎

선의 종류 – 2점선 [l]
2점 지시: 4▶◀, 7▶◀

수정 – 길이 조정 [n]
변경할 선의 수치: 2⏎   선의 끝점: 8▶◀🖱

선의 종류 – 2점선 [l]
2점 지시: 8▶◀, 9▶◀

곡선수정 – 선 합치기 [rc]
합칠 곡선 지시: 10▶◀🖱   선의 점수: 9⏎
설정 유무: s(수정: 그림 참고)⏎

선의 종류 – 2점선 [l]
2점 지시: 끝점수치 9⏎   11▶◀, y-4⏎

＊앞목중심선에 0.5cm 들어간 위치에 후드 봉제너치를 그린다.

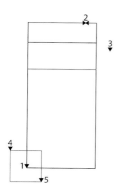

포켓 및 앞판 토글(toggle) 그리기

선의 종류 – 사각BOX [box]

폭: 10⏎ 길이: 22⏎

처음 위치 1▼ (시작점 위치는 좌측 하단)

선의 종류 – 평행 [pl]

평행 기준선: 2▶◀

방향: 3▼ 간격: 3⏎

평행 기준선: 2▶◀, (간격 변경) 7⏎

방향: 3▼

수정 – 단점이동 – 좌방향 [el]

이동할 영역: 4▼, 5▼ 이동량: 0.7⏎

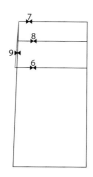

수정 – 길이 조정 [n]

변경할 선의 수치: 0.5⏎

선의 끝점: 6▶◀🖰

선의 종류 – 2점선 [l]

2점 지시: 6▶◀, 7▶◀

곡선수정 – 유사처리 – 유사이동 [sr]

대상 지시: 9▶◀🖰

이동 후의 선: 8▶◀

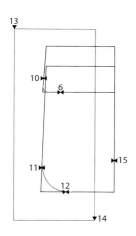

수정 – 2각수정 [dfil]

제1요소: 10▶◀ 시작 위치: 끝점(F1) 1⏎ 10▶◀

제2요소: 6▶◀ 시작 위치: 끝점(F1) 1⏎ 6▶◀

설정 유무: y⏎

제1요소: 11▶◀ 시작 위치: 끝점(F1) 5⏎ 11▶◀

제2요소: 12▶◀ 시작 위치: 끝점(F1) 4.5⏎ 12▶◀

설정 유무: y⏎

반전 – 복사반전 – 선반전 [cml]

반전할 대상: 영역교차 내(F5) 13▼, 14▼🖰

기준선: 15▶◀

삭제 – 지정삭제 [d]

기준선: 15▶◀🖰

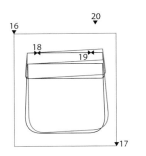

회전 – 회전 – 회전량 [re]

회전할 패턴: 영역교차 내(F5) 16▼, 17▼🖰

회전할 중심: 18▶◀   움직일 점: 19▶◀

이동량: 1⏎   방향: 20▼

이동 – 이동 – 2점 방향 [mv]

이동할 선: 영역교차 내(F5) 16▼, 17▼🖰

이동 방향, 거리를 2점 지시: 끝점(F1) 18▶◀, A▶◀

＊앞 토글(toggle)은 디자인과 개수에 따라 간격을 조정하여 그려준다.

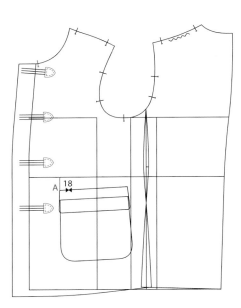

Hood Drawing
후드 그리기

기초선 그리기

앞목둘레 길이와 뒷목둘레 길이를 잰다.

ex) 앞목둘레 길이: 15.5cm

　　뒷목둘레 길이: 10cm

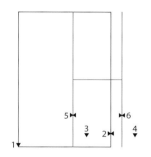

선의 종류 – 사각BOX [box]
폭: 24.5 ↵　길이: 37 ↵
처음 위치 1▼ (시작점 위치는 좌측 하단)

폭: 앞목둘레–1+뒷목둘레
길이: 후드높이

선의 종류 – 평행 [pl]
평행 기준선: 2▶◀
방향: 3▼　간격: 10 ↵
평행 기준선: 3 ↵ (간격 변경) 3▶◀
방향: 4▼

선의 종류 – 2점선 [l]
2점 지시: 중간점(Shift+F2) 5▶◀, 6▶◀

목둘레선 그리기

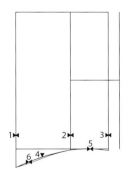

수정 – 길이 조정 [n]
변경할 선의 수치: 5 ↵　　선의 끝점: 1▶◀ 🖱
변경할 선의 수치: 0.3 ↵　　선의 끝점: 2▶◀ 🖱
변경할 선의 수치: 0.5 ↵　　선의 끝점: 3▶◀ 🖱

선의 종류 – 곡선 [crv]
점열 지시: 끝점(F1) 1▶◀, 임의점(F2) 4▼,
　　　　　끝점(F1) 2▶◀, 선상점(F3) 5▶◀,
　　　　　끝점(F1) 3▶◀ 🖱

곡선수정 – SS수정 [ss]
수정할 곡선 지시: 6▶◀ ↵
이동할 점: ▼ (수정: 그림 참고), 🖱

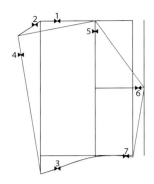

후드 외곽선 그리기

선의 종류 – 2점선 [l]
2점 지시: 1▶◀, x-6 y-4↵

곡선수정 – 유사처리 – 유사이동 [sr]
대상 지시: 2▶◀🖰
이동 후의 선: 3▶◀

선의 종류 – 연속선 [lc]
시작점: 끝점(F1) 4▶◀, 5▶◀, 6▶◀, 7▶◀🖰

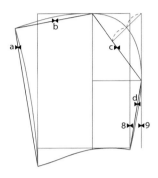

곡선수정 – 선 합치기 [rc]
합칠 곡선 지시: a▶◀🖰
선의 점수: 7↵
설정 유무: s (수정: 그림 참고), 🖰

b▶◀, c▶◀, d▶◀도 각각 동일한 방법으로 수정한다.

삭제 – 지정삭제 [d]
기준선: 8▶◀, 9▶◀↵

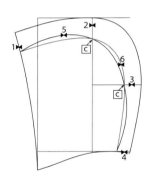

내부 절개선 그리기

선의 종류 – 곡선 [crv]
점열 지시: 끝점(F1) 5.5↵ 1▶◀,
　　　　　(수치 변경) 6↵ 2▶◀,
　　　　　(수치 변경) 4.5↵ 3▶◀,
　　　　　(수치 변경) 3.5↵ 4▶◀🖰

곡선수정 – 선 합치기 [rc]
합칠 곡선 지시: 5▶◀🖰　선의 점수: 12↵
설정 유무: s (수정: 그림 참고), 🖰

수정 – 선 자르기 [c]
자를 선: 6▶◀🖰　기준선: 2▶◀
자를 선: 6▶◀🖰　기준선: 3▶◀

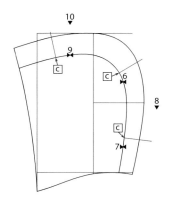

선의 종류 – 직각선 [lq]

기준선: 7▶◀   선의 길이: 7↵

시작점: 중간점(Shift+F2) 7▶◀   방향: 8▼

선의 종류 – 직각선 [lq]

기준선: 6▶◀   선의 길이: 7↵

시작점: 중간점(Shift+F2) 6▶◀   방향: 8▼

선의 종류 – 직각선 [lq]

기준선: 9▶◀   선의 길이: 7↵

시작점: 중간점(Shift+F2) 9▶◀   방향: 10▼

후드외곽선 기준으로 편측수정[k]을 활용하여 선 정리
를 한 후 내부선을 자른다.

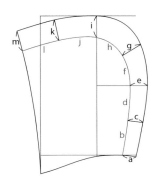

내부선과 보조선의 길이를 잰다(a~m).

선의 종류 – 2점선 [l]

2점 지시: 임의점(F2) 1▼, y60↵ **(임의의 수치)**

2점 지시: 끝점(F1) 2▶◀, x-3.5↵

2점 지시: b길이↵, 2▶◀, x-3.9↵

2점 지시: b+d길이↵, 2▶◀, x-3.9↵

2점 지시: b+d+f길이↵, 2▶◀, x-3.9↵

2점 지시: b+d+f+h길이↵, 2▶◀, x-3.9↵

2점 지시: b+d+f+h+j길이↵, 2▶◀, x-3.9↵

2점 지시: b+d+f+h+j+l길이↵, 2▶◀, x-3.9↵

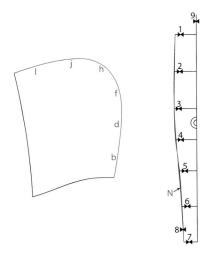

선의 종류 – 곡선 [crv]

점열 지시: 끝점(F1) 1▶◀, 2▶◀, 3▶◀, 4▶◀, 5▶◀,
　　　　　　　　　6▶◀, 7▶◀🖱

곡선수정 – 선 합치기 [rc]

합칠 곡선 지시: 8▶◀🖱

선의 점수: 9↵

설정 유무: s (수정: 그림 참고), 🖱

수정 – 편측수정 [k]

기준선: 1▶◀   수정할 선: 9▶◀🖱

＊후드 내부절개선과 봉제될 선의 길이차를 확인한 후
　N선에서 수정한다.

입력·시접·출력

Input &
seam
allowance &
print

Input

Pattern Correction

Seam Allowance

Print

Input

패턴 입력

수작업으로 제작한 패턴을 디지타이저(digitizer)로 컴퓨터에 입력한다.
컴퓨터로 옮겨진 패턴은 보정과정을 거쳐 선을 정리해 준다.

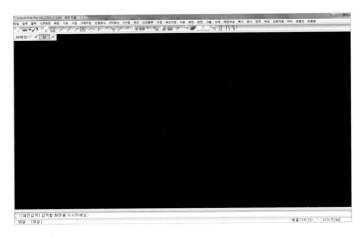

작업화면

디지타이저(digitizer)

입력 · 시접 · 출력

input & seam allowance & print

CHAPTER

마우스 기능

0번   입력할 화면 지시 또는 직선을 입력한다.

1번   곡선을 입력한다(곡선의 점수: 3~15개).

2번   입력한 선을 역순으로 지운다.

3번   선을 끊어주거나 패턴 입력을 종료한다.

패턴 입력 시 유의사항

1   입력하는 순서는 외곽선을 입력 후 내부선을 입력한다.

2   긴 곡선일 경우 곡의 방향이 변화하는 부위에 끊어준 후 다시 곡선으로 입력한다.
    (상의의 경우: 허리선, 하의의 경우: 무릎선)

3   너치는 직선으로 입력하고 단추위치는 +, 기타 패턴 기호는 패턴 보정 시에 만들어준다.

4   곡선의 휘어지는 정도에 따라 입력 점의 간격을 조정한다.
    (점의 간격을 완만한 곡선은 넓게, 급격한 곡선은 좁게 입력한다.)

5   마우스의 교점 선을 이용하여 곡선의 방향과 평행하게 입력한다.

입력방법

직선
시작점 0번을 누르고 끝점 0번을 누른 후 종료는 3번을 누른다.

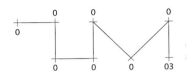

연속 직선
시작점부터 각 점 모두 0번을 누르고 마지막 끝점에서 0번을 누른 후 3번을 눌러 종료시킨다.

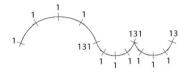

연속 곡선
시작점부터 각 점 모두 1번을 누르고 끊어줄 경우 3번을 누른 후 그대로 새로운 시작점 1번을 누른다.

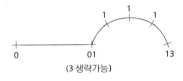

직선에서 곡선으로 수정
0번을 눌러 직선을 입력한 후 1번을 눌러 곡선을 입력한다.

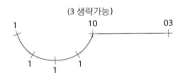

곡선에서 직선으로 수정
1번을 눌러 직선을 입력한 후 0번을 눌러 곡선을 입력한다.

종료
패턴 제작 화면 아래 명령어가 [형태를 입력하십시오]일 때 3번을 누르면 종료된다.

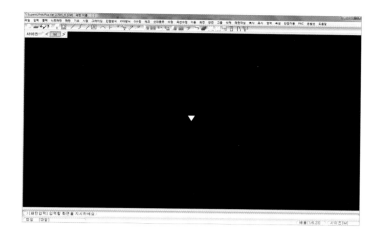

패턴 입력 [digt] 입력-패턴 입력

→ 입력할 화면 지시: ▼
   화면 가운데를 지시한다.

지정 사이즈
입력할 레이(LAY)를 지정한다.
일반적으로 붉은색으로 표시된 현 레이(LAY)를 지정한다.

→ [패턴 입력] 입력할 화면을 지시하시오.
   1▼, 2▼

입력 후 종료
→ 종료하시겠습니까 YES(Y)NO(N): Y↵

추가입력 [fit] 입력-추가입력

입력 종료 후 누락된 선들을 입력할 경우 추가입력으로
재입력한다.

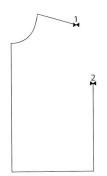

→ 추가할 패턴의 2점을 지시

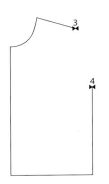

→ 디지타이저 안의 기준이 될 2점 지시

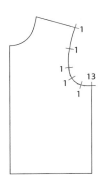

→ 추가할 선입력

Pattern Correction
입력한 패턴 보정

기준선(결선)
수직보정[hv], 수평보정[hh], 보정[cy]으로 기준선을 세워주고 패턴을 작업하기 유용하게 배치시킨다.

외곽선 정리
각결정[km]으로 어긋난 각을 연결해주고 선 합치기[rc], SS수정[ss], SA수정[sa]을 이용하여 곡선을 정리한다. 외곽확인은 [z]로 확인한다.

내부선 정리
그레이딩 작업을 고려하면서 내부선을 정리한다.

봉합될 선 길이 확인
옆선, 어깨선, 몸판 앞뒤 암홀둘레와 소매암홀둘레, 칼라 등 봉합될 선들의 길이 및 여유분을 확인한다.

기호 표시
결선, 너치화, 이세 표시, 문자 등을 입력한다.

Seam Allowance
시접

한 사이즈 또는 그레이딩되어 있는 여러 개의 사이즈에 동시에 시접을 넣을 수 있다.
시접을 넣기 전에 외곽선이 연결되어 있는지 확인하고 시접을 넣은 후에는 시접선을 보라색으로 변경하여
플로터 출력 시 재단될 수 있도록 작업한다.

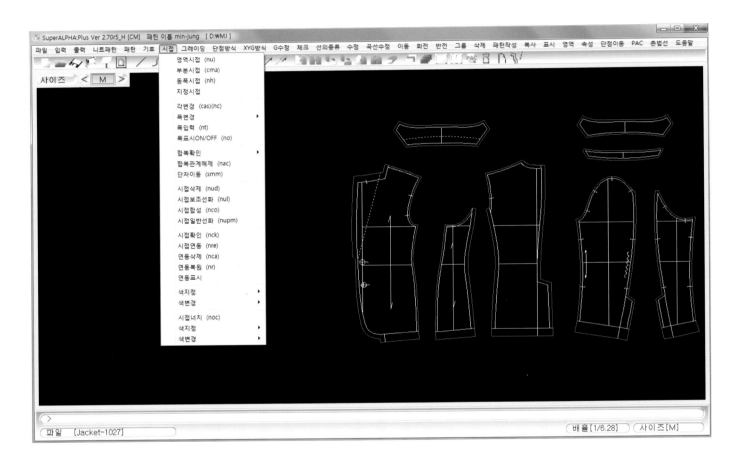

영역시접 [nu] 시접-영역시접

외곽선이 하늘색으로 표시된다.
좌측하단 ⌗에서 ◆의 방향으로 시접을 주며 시접폭
을 변경할 각을 지시한 후 수치를 입력한다.

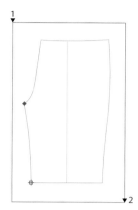

→ 영역을 대각의 2점으로 지시: 1▼, 2▼

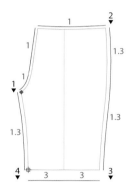

폭 변경점 지시: 1▼
간격 지정: 1.3

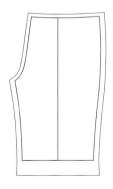

명령어를 반복하여 시작점까지 시접량을 지정하고
🖱(탈출)한다.

〈각변경〉 설정 후 종료한다.

영역시접에서의 각변경

영역시접 설정 과정에서 시접량 지정 후 각변경을 할 수 있다.

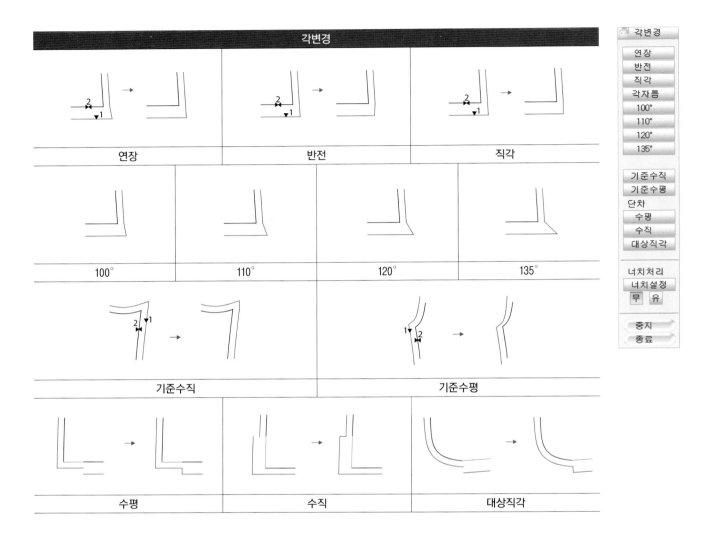

각자름

기준 완성선에서 시접선까지의 형태와 수치를 지정할 수 있다.

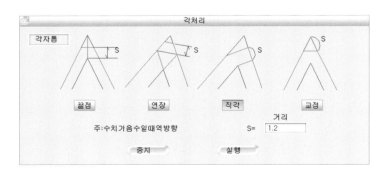

각변경 [cas/nc] 시접 – 각변경

시접설정 종료 후에 각을 변경할 수 있다.
각처리 기능은 [영역시접]의 〈각변경〉과 동일하며 확장각처리와
너치처리 기능이 추가되어 있다.
확장처리에서의 반전, 각처리, 단차는 수치를 입력한 후 실행한다.

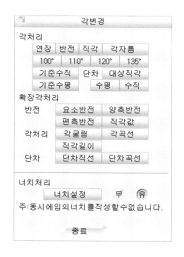

확장각처리–반전

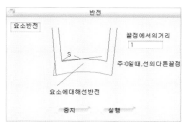  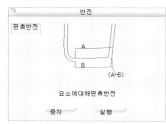 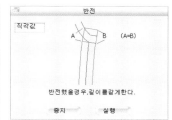

확장각처리–각처리

 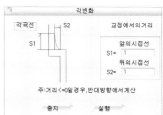 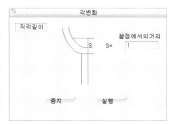

확장각처리–단차

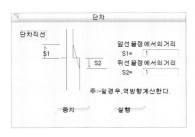 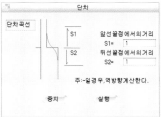 

너치처리

〈너치설정〉에서 시접너치의 속성을 변경하고 무 유 체크한 후 각변경을 하면 자동으로
너치처리가 된다.

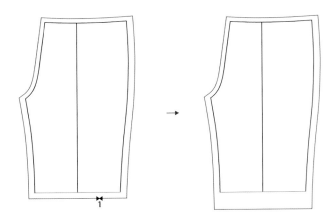

동폭변경 [nmh] `시접-폭변경-동폭변경`

시접 설정 후에 시접폭을 변경한다.

→ 폭입력: 수치입력 3 ↵
　폭을 변경할 시접선 지시: 1▸◀👆

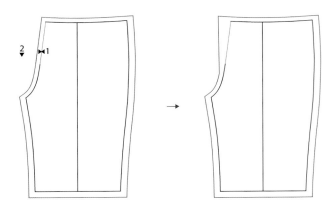

양폭변경 [nmb] `시접-폭변경-양폭변경`

시접폭을 변경할 때 양폭의 수치를 다르게 입력할 수 있다.

→ 제1의 폭을 입력: 수치입력 1 ↵
　제2의 폭을 입력: 수치입력 2 ↵
　폭을 변경할 시접선 지시: 1▸◀👆
　제1의 폭의 위치(마우스 우측으로 평행): 2▼

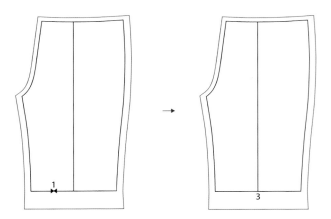

폭 입력 [nt] `시접-폭입력`

시접 내에 폭을 표시한다.

→ 수치의 단위를 입력(예: cm, 아니오: 오른쪽): cm ↵
　문자의 크기(마우스 우측: 자동): 1 ↵
　폭 표시할 시접선 지시: 1▸◀👆

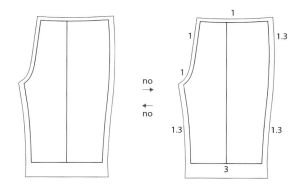

폭 표시 ON/OFF [no] `시접-폭표시 ON/OFF`

화면상에서 시접량을 확인한다.

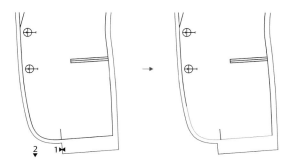

단차이동 [smm] `시접-단차이동`

수치를 입력하여 단차의 선을 이동한다.

→ 단차이동할 시접선 지시: 1▶◀🖰
　이동량 입력: 2 ⏎
　이동할 방향 지시: 2▼

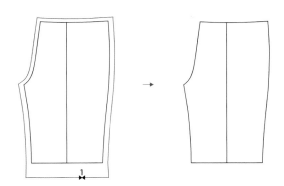

시접삭제 [nud] `시접-시접삭제`

시접을 삭제할 요소를 지정하여 삭제한다.

→ 시접을 삭제할 요소 지시: 1▶◀🖰

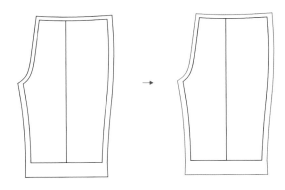

보라색 [cpa] `시접-색지정-보라색`

시접으로 설정된 선은 모두 보라색으로 변경한다.

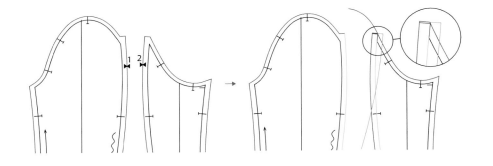

합복확인 [nua] `시접-합복확인-합복확인`

합복할 부분의 시접길이를 확인한다.

→ 길이를 점검할 시접선 지시: 1▶◀
　수정할 각의 시접선 지시: 2▶◀

합복확인 – 기타 기능

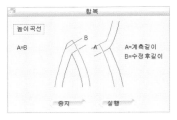

높이곡선 [sm]

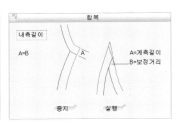

내측길이 [na4]

내측확인 [smi]

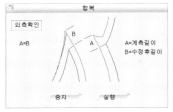

외측확인 [sm]

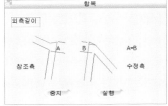

외측길이 [smi]

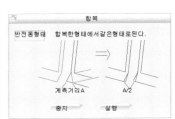

반전동형태 [na4]

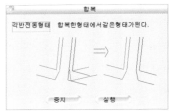

반전각동형태 [na4]

시접 분량의 예

남성복 시접 분량은 작업형태에 따라 차이가 있으며 일반적으로 패턴 제작 시 부분적으로 시접을 포함하는 경우가 많다.
다음은 시접분량을 쉽게 이해하기 위하여 마스터패턴에 시접을 추가하는 경우의 예시이다.

재킷 시접

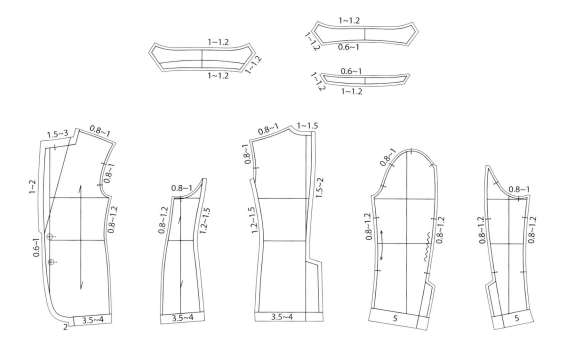

팬츠 시접

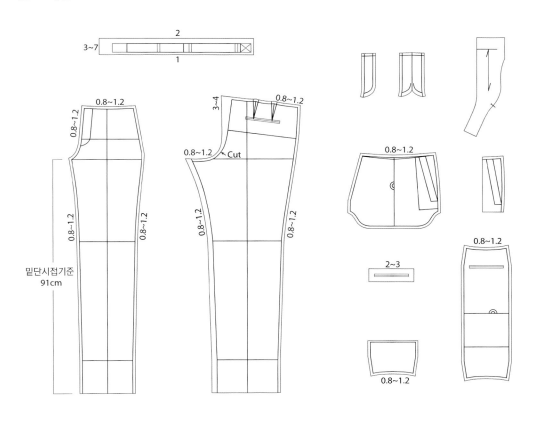

Print
출력

패턴 출력은 플로터(plotter) 또는 프린트기를 이용하여 출력이 가능하다.
플로터의 경우에는 패턴 재단이 가능하므로 실제 크기의 패턴을 출력하고 프린트기의 경우에는
축소하여 출력해서 자료로 활용하는 경우가 많다. 2가지 모두 축소·확대 출력이 가능하다.

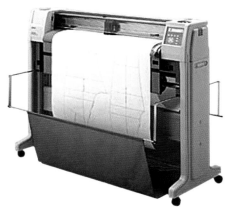

업체용 플로터

교육용 플로터

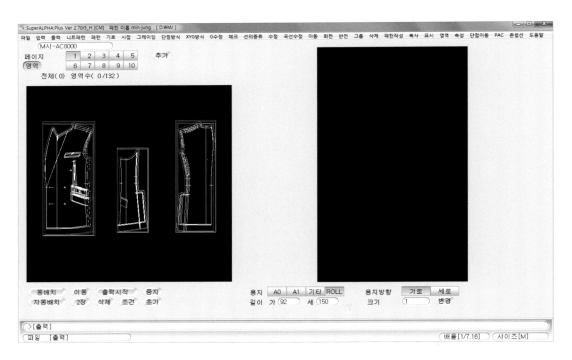

출력화면

출력할 패턴 영역설정

아이콘을 클릭하면 자동영역이 설정되면서 바로 설정화면으로 이동한다.

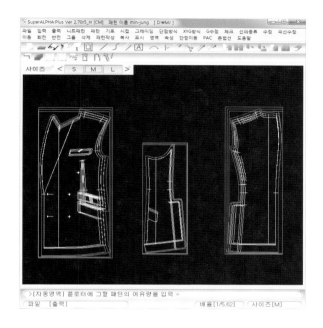

자동영역 [aa] 출력-자동영역

패턴 제작 화면에 있는 모든 패턴과 사이즈별 패턴이 각각 설정된다. 자동영역으로 설정할 경우에는 저장한 후 출력할 패턴만 제외하고 그외의 패턴은 삭제한다.

→ 출력시 패턴과의 거리 입력: 수치입력 또는 🖱(탈출)

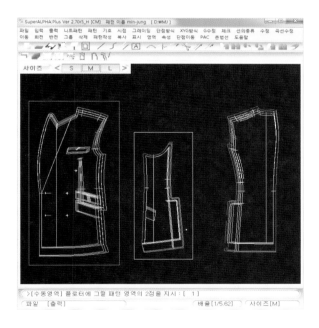

수동영역 [ma] 출력-수동영역

출력할 패턴만 영역으로 설정한다. 단 그레이딩된 패턴의 경우 한 영역으로 설정하는 경우 사이즈가 겹쳐서 출력되므로 주의한다.

→ 플로터에 그릴 패턴 영역의 2점 지시: 1▼, 2▼ **영역설정**, 🖱(탈출)

영역삭제 [ad] 출력-영역삭제

지정된 영역을 선택하여 삭제한다.

전체삭제 [ada] 출력-전체삭제

지정된 영역 전체를 삭제한다.

출력 화면

출력 [plot] 출력-출력

출력할 패턴을 지정하고 출력화면에서 조건을 설정한다.

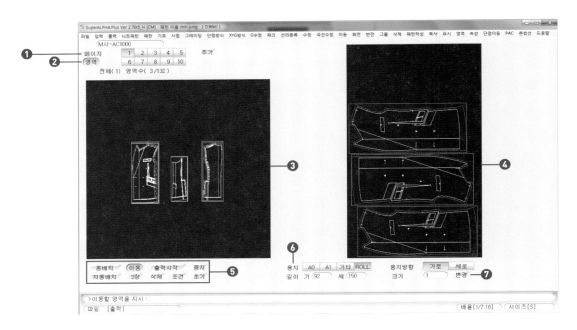

① **패턴을 배치한 페이지 수 표시**

② **[영역] 붉은색 표시**: ON 배치화면의 초록색 영역선이 표시된다. 반대로 OFF일 경우 영역선이 없어진다.

③ **패턴 제작 화면**: 배치화면으로 이동된 패턴영역은 노란색으로 변경된다.

④ **출력 배치 화면**: 출력할 패턴을 배치한다.

　　출력용지의 효율성을 높이기 위하여 패턴을 배치화면으로 이동한 후 기능키(F1~F4)를 활용한다.

　　F1: 시계반대방향으로 90°씩 회전　　　**F3: 시계반대방향으로 5°씩 회전**

　　F2: 시계방향으로 90°씩 회전　　　　**F4: 시계방향으로 5°씩 회전**

⑤ **[동배치]**: 그레이딩된 패턴일 경우, 한 사이즈를 배치한 후 〈동배치〉를 선택하면 다른 사이즈의 패턴이
　　동일한 위치에 배치된다.

　　[이동]: 패턴을 배치화면으로 이동한다.

　　[중지]: 패턴작업화면으로 돌아간다.

　　[삭제]: 배치화면의 패턴을 패턴 제작화면으로 되돌린다.

　　[초기]: 배치화면이 초기화된다.

⑥ **용지**: 용지를 설정한 후, 용지방향을 설정한다.

　　프린트로 출력할 경우: [A3], [A4], [B4] 선택

　　플로터로 출력할 경우: 롤지인 경우 [기타] 선택

⑦ **크기**: 출력할 크기를 입력하고 [변경]을 클릭한다.

　　수치를 1로 설정했을 경우 실제 사이즈로 출력된다.

　　ex) 1/4 축소 출력할 경우: 수치 0.25 입력 후 [변경] 클릭

[자동배치]: 모든 패턴이 자동으로 배치된다.

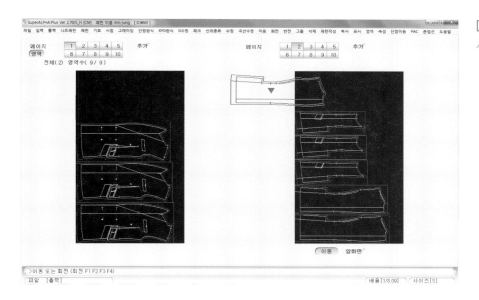

[2장]: 배치화면이 2개로 설정되면서 패턴을 서로 이동할 수 있다.

[조건]: 플로터 종류 설정 및 출력조건을 설정한다.

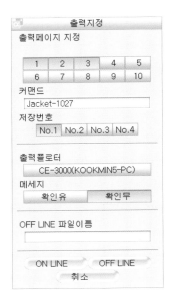

[출력시작]: 모든 설정을 마친 후 출력을 실행한다.

플로터로 출력할 경우
[조건]에서 지정된 플로터명을 선택한 후 〈ON LINE〉 클릭하기

프린터로 출력할 경우
[조건]에서 **[LBP]**를 선택한 후 〈ON LINE〉 → 인쇄하기

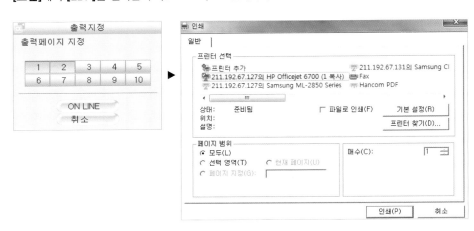

부분 출력 [splt] 출력-부분

출력한 출력 데이터를 재배치할 필요 없이 재출력할 수 있으며 부분 페이지 번호를 지정하여 출력할 수도 있다.

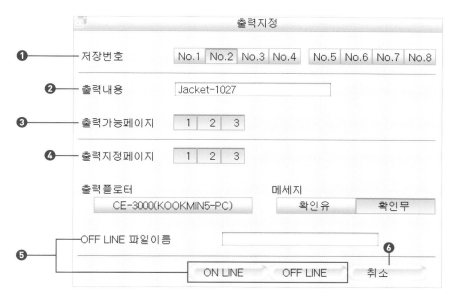

① **저장번호**: 재출력하려는 파일을 선택한다.

② **출력내용**: 재출력하려는 파일의 출력내용이 표시된다.

③ **출력가능페이지**: 패턴이 배치된 페이지 번호가 붉은색으로 표시된다.

④ **출력지정페이지**: 재출력할 파일의 출력 페이지 번호를 선택한다.

⑤ **온라인·오프라인**: 출력을 바로 실행할 경우에는 [ON-LINE], 임시저장 후 〈off〉 파일에서 바로 출력을 보낼 경우에는 [파일이름]을 입력하고 [OFF-LINE]을 선택한다.

⑥ **취소**: 패턴작업화면으로 돌아간다.

그레이딩
Grading

Command of Grading

Application of Grading

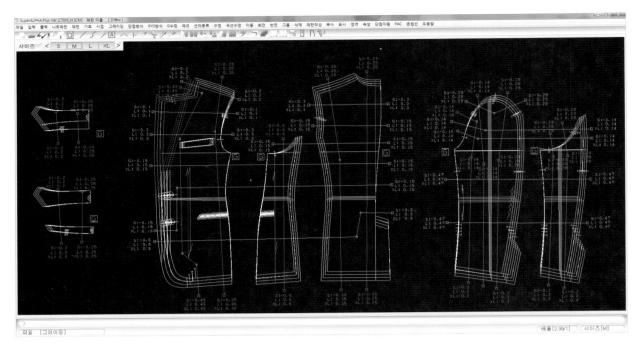

그레이딩은 기본 사이즈의 패턴을 만들고 그것을 확대하거나 축소하는 일이다.

　유까시스템(Yuka system)의 슈퍼 알파 플러스(Super-ALPHA Plus) 프로그램에는 수치나 계산식을 대입하여 그레이딩하는 절개식과 포인트식의 방식이 있다. 절개식은 절개선을 넣어서 일정한 분량을 삽입하여 전개하는 방식이고, 포인트식은 각 지점을 기준으로 x-y축에 일정한 분량을 삽입하여 전개하는 방식이다. 또 포인트식을 보완한 xy 그레이딩 방식이 있다.

　이 책에서는 유까시스템에서 가장 많이 활용되는 절개식을 다루고자 한다.

그레이딩
grading

CHAPTER

Command of Grading

그레이딩 명령어

선입력 [gl] 그레이딩-절개선-선입력

절개선의 점 개수는 2~15점까지 입력이 가능하며 패턴의 내부선 형태에 따라 절개선을 그린다.

[기준 직각선]: 절개선의 기울기와 상관없이 X축(좌우)으로만 증감한다.
[기준 수평선]: 절개선의 기울기와 상관없이 Y축(상하)으로만 증감한다.
[사선 직각선]: 절개선의 기울기에 대하여 직각 방향으로 증감한다.
[영역]: 외부의 절개선과 관계없이 별도로 영역 안의 요소를 XY축으로 이동시킨다.

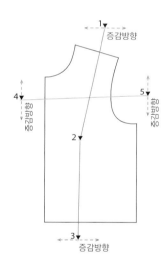

→ [기준 직각선] 선택 🖱
　절개선의 점열 지시: 1▼, 2▼, 3▼🖱

→ [기준 수평선] 선택 🖱
　절개선의 점열 지시: 4▼, 5▼🖱

→ [사선 직각선] 선택 🖱
　절개선의 점열 지시: 1▼, 2▼🖱

→ [영역] 선택 🖱
　대각의 2점 지시: 3▼, 4▼🖱

양지정 [gi/gv] 그레이딩-양지정

선이나 점을 선택한 후 절개값(증감량)을 입력한다.

❶ **[기본에서][각편차]**: 증감량 수치 표기방법이다.

❷ **[범위 삭제]**: 적색으로 표기된 범위를 모두 삭제한다.

❸ **[편차]**: 수치입력 후 [상하편차·상편차·하편차]를 선택하면 단계별 편차를 계산하여 자동으로 입력된다.

❹ 그레이딩이 될 최소 사이즈와 최대 사이즈를 선택한다. 별도의 절개값 입력도 가능하다.

  기본 사이즈는 붉은색의 사각표시가 되어 있다.

❺ **[양끝]**: 절개선의 양끝 쪽에 절개값이 입력된다.

❻ **[지정]**: 절개선에서 선택한 점에만 절개값이 입력된다.

❼ **[중지]**: 명령어가 종료된다.

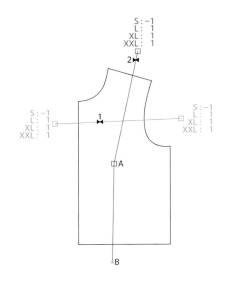

→ 절개선 지시: 1▶◀👆
  〈절개량 설정, 참조〉
  [편차]: 1⏎ 상하변차 👆, [양끝]👆

→ 절개선 지시: 2▶◀👆
  〈절개량 설정, 참조〉
  [편차]: 1⏎ 상하변차 👆, [지정]👆

A: 절개량이 [0]으로 입력된 경우
B: 절개량이 입력되지 않은 경우
   절개선에서 가까운 점의 절개값으로 인식한다.

전개 개시 [gr][ggo] 그레이딩-전개 개시

절개값(증감량)에 따라 지정한 범위의 사이즈가 전개된다.

❶ **[범위]**: 그레이딩을 할 최소·최대 사이즈를 선택한 후 [범위]를 선택하면 그 사이의 사이즈도 함께 선택된다.

❷ **[범위 삭제]**: 적색으로 표기된 범위를 모두 삭제한다.

❸ **[자동영역]**: 화면에 있는 모든 패턴을 자동으로 영역을 설정한다.

❹ **[패턴영역]**: 전개할 패턴을 2점으로 하나씩 설정한다.

❺ **[전개 개시]**: 영역설정 및 기준점 위치 지정 후 지정된 사이즈들을 전개한다.

❻ **[중지]**: 명령어가 종료된다.

❼ **[전개영역]**: 보라색의 전개영역을 제외시킨다.

❽ **[전개외 대상]**: 영역설정 후 전개 외 대상을 설정한다.

❾ **[결선 고정]**: 패턴에 있는 결선은 절개값의 영향을 받지 않는다.

❿ **[너치 연동]**: 너치의 위치가 연동된다.

⓫ **[시접 연동]**: 시접선이 연동된다.

⓬ **[유사처리]**: 곡선의 경우 자동으로 유사처리된다.

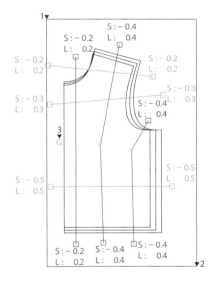

→ [패턴영역] 선택
　패턴의 선을 대각의 2점으로 지시: 1▼, 2▼
　기준점 지시: 3▼🖑

　[전개 개시] 선택

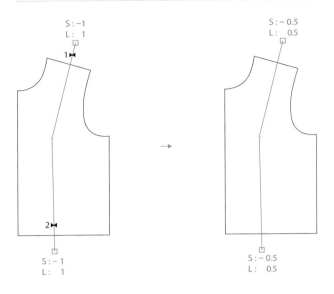

수정 [gre][gmv] 그레이딩-수정

절개값(증감량)을 수정한다.
수정할 점을 각각 선택한다.

→ 수정할 절개선의 양 위치 지시: 1▶◀, 2▶◀ 🖑
   수치변경 후 [수정] 선택

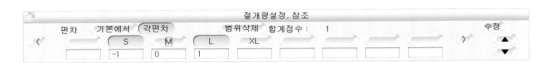

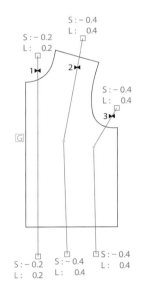

지정 [gcp]·영역 [gca] 그레이딩-계산-지정
그레이딩-계산-영역

절개값을 지정하거나 영역을 설정하여 합계를 산출한다.

→ [수정]을 선택하면 수정[gre] 기능으로 설정된다.

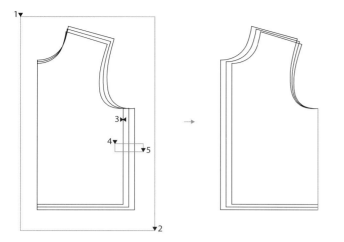

기준 이동 [mvp] 　그레이딩-기준

지시한 점을 기준으로 전 사이즈의 패턴을 모아준다.

→ 이동할 대상 지시: 영역교차 내(F5) 1▼, 2▼🖱
　　기준선 지시: 3▶◀
　　각 사이즈의 끝점측 지시: 영역교차 내(F5) 4▼, 5▼🖱

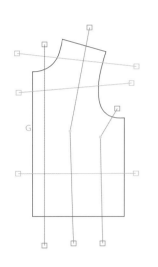
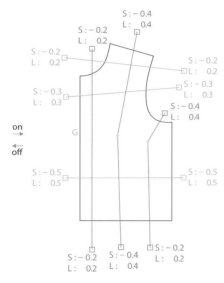

ON [poo]·OFF [pf] 　그레이딩-표시-on 　그레이딩-표시-off

절개값의 표시 유무를 설정한다.

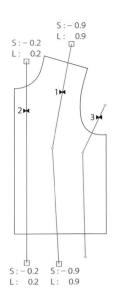

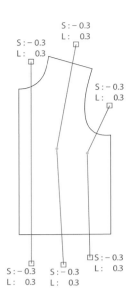

분산 [gdv] 　`그레이딩-분산`

절개값을 분산시켜준다.

→ 분산 전의 절개선: 1▶◀⫸
　분산 후의 절개선: 1▶◀, 2▶◀, 3▶◀⫸

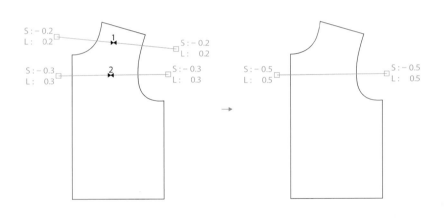

합산 [gsu] 　`그레이딩-합산`

절개값을 합산시켜준다.

→ 합산 전의 절개선: 1▶◀, 2▶◀⫸
　합산 후의 절개선: 2▶◀⫸

G수정

그레이딩된 패턴을 수정할 경우 [G수정]을 활용한다.
[G수정]에 있는 명령어는 기본 명령어의 사용법과 동일하며 실행하였을 때 기본 패턴 외의 패턴들이
자동으로 수정된다.

점모드

상황에 따라 〈점모드〉가 실행되며 점의 종류나 수치를 선택할 수 있다.

명령어	G수정 명령어	참고
선의 종류 – 2점선 [l]	G수정 – 2점선 [gln]	p. 16
수정 – 양측수정 [b]	G수정 – 수정 – 양측수정 [gb]	
– 편측수정 [k]	– 편측수정 [gk]	
– 각결정 [km]	– 각결정 [gkm]	
– 중간수정 [j]	– 중간수정 [gj]	pp. 20~21
– 선수정 [cl]	– 선수정 [gcl]	
– 길이 조정 [n]	– 길이 조정 [ng]	
– 2각수정 [dfil]	– 2각수정 [gdfl]	
회전 – 회전 – 3점 회전 [rt3]	G수정 – 회전 – 3점 회전 [grt3]	
– 이동량 [re]	– 이동량 [ggre]	p. 28
이동 – 이동 – 이동회전 [mvrt]	– 이동회전 [gmvrt]	
곡선수정 – SS수정 [ss]	G수정 – 곡선수정 [gss]	p. 24
곡선수정 – 유사처리 – 유사이동 [sr]	G수정 – 유사이동 [srg]	p. 24
선의 종류 – 평행 [pl]	G수정 – 평행이동 [gpl]	p. 17
곡선수정 – 선 합치기 [rc]	G수정 – 선 합치기 [grc]	p. 25
패턴 – 선 자르기 [c]	G수정 – 선 자르기 [gc]	p. 32
체크 – 각확인 [ac]	G수정 – 각확인 [gac]	p. 47
패턴 – 분할분리 – 2점 방향 [b2]	G수정 – 분할분리 – 2점 방향 [gb2]	
– 상방향 [bu]	– 상방향 [gbu]	
– 하방향 [bd]	– 하방향 [gbd]	p. 34
– 좌방향 [bl]	– 좌방향 [gbl]	
– 우방향 [br]	– 우방향 [gbr]	
패턴 – 부속분리 [bx]	G수정 – 부속분리 [ggt]	p. 34
곡선수정 – 유사처리 – 유사곡선 [sgc]	G수정 – 유사곡선 [gsg]	p. 24

좌표변화 [gxy] `G수정-좌표변화`

선택된 점의 x-y 좌표값을 확인할 수 있으며 x-y 좌표값 및
단차(길이편차) 수정이 가능하다.

점좌표

[편차] 수치입력 후 [X], [Y], [단차]를 클릭하면 수치가 변경된다.
[단차]로 수정할 경우에는 [수평변경], [수직변경], [2점 변경] 선택한 후
[수정]을 클릭하여 실행시킨다.

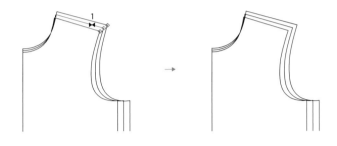

→ 대상 요소 지시: 1▶◀👆

    어깨선 길이 편차 0.5cm로 수정

    〈점좌표〉 수치 변경 후 실행

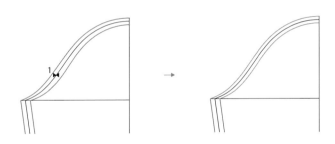

비율곡선 [gep] `G수정-비율곡선`

기준선과 유사한 비율의 곡선으로 수정된다.

→ 비율 확대 축소할 요소 지시: 1▶◀👆

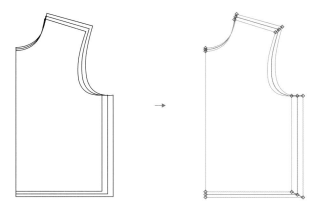

기본 지시 [gm] G수정-G관계-기본 지시

기본 패턴은 빨간색 선으로 표시되고 그 외의 사이즈는 하늘색 선으로
G관계 정보를 표시한다.

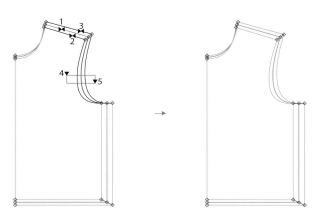

지시설정 [gmsp] · 영역설정 [gms] G수정-G관계-지시설정 G수정-G관계-영역설정

G관계를 설정한다.

→ 지시설정
관계 설정할 요소 지시: 1▶◀, 2▶◀, 3▶◀⌖

→ 영역설정
관계 설정할 요소를 영역으로 지시: 4▼, 5▼⌖

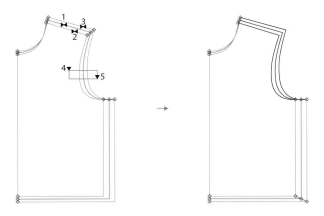

지시해제 [gmdp] · 영역해제 [gmd] G수정-G관계-지시해제 G수정-G관계-영역해제

G관계를 해제한다.

→ 지시해제
관계 해제할 요소 지시: 1▶◀, 2▶◀, 3▶◀⌖

→ 영역해제
관계 해제할 요소를 영역으로 지시: 4▼, 5▼⌖

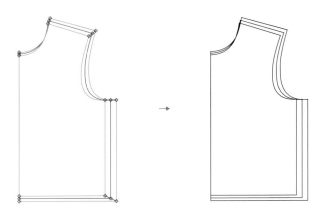

표시 종료 [gme] `G수정-G관계-표시 종료`

G관계가 전체해제된다.

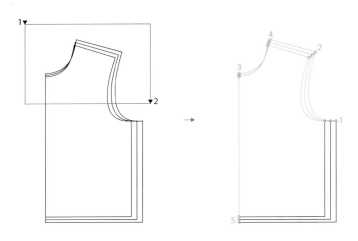

단점이동

그레이딩되어 있는 단점을 기준점으로부터 평행하게 만든다.

자동영역 [paa] `단점이동-자동영역`

그레이딩되어 있는 단점을 연결한다.
복잡한 패턴일수록 부분적으로 설정한다.

→ 영역으로 지시: 1▼, 2▼

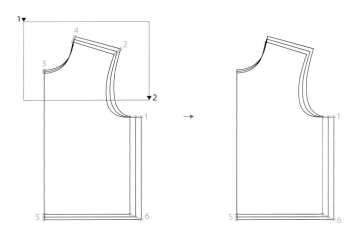

영역삭제 [pda] `단점이동-영역삭제`

영역으로 선택하여 연결된 단점을 해제시킨다.

→ 영역으로 지시: 1▼, 2▼

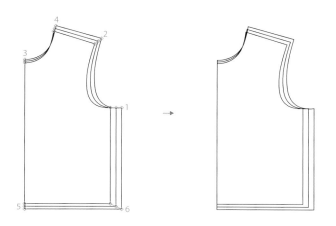

초기화 [p] `단점이동-초기화`

연결된 단점을 모두 해제시킨다.

 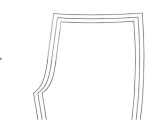

수평변화 [phc] `단점이동-수평변화`

X좌표점의 위치가 수정되면서 평행하게 이동한다.

→ 기점 지시: 3▼
   대상의 점 지시: 1▼

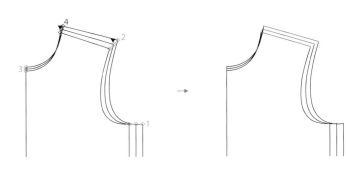

수직변화 [pvc] `단점이동-수직변화`

Y좌표점의 위치가 수정되면서 평행하게 이동한다.

→ 기점 지시: 4▼
   대상의 점 지시: 2▼

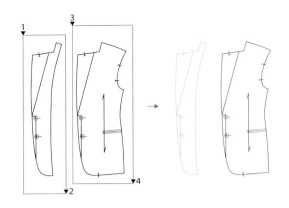

그룹

여러 개의 선으로 이루어진 패턴을 그룹화하여 쉽게 겹치거나
분리할 수 있다.

설정 [sg] 그룹-설정

각각의 패턴을 그룹화한다.

→ 그룹화할 요소: 영역교차 내(F5) 1▼, 2▼🖱
    그룹화할 요소: 영역교차 내(F5) 3▼, 4▼🖱

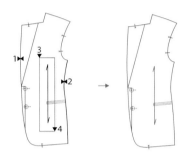

추가 [ag] 그룹-추가

그룹화되어 있는 패턴에 선이나 기호, 패턴 등을 추가한다.

→ 원래 그룹의 요소: 1▶◀
    추가할 요소: 2▶◀, 영역교차 내(F5) 3▼, 4▼🖱

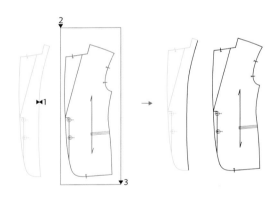

해제 [rg] 그룹-해제

부분적인 요소나 패턴의 그룹화를 해제한다.

→ 그룹에서 제외할 요소: 1▶◀, 영역교차 내(F5) 2▼, 3▼🖱

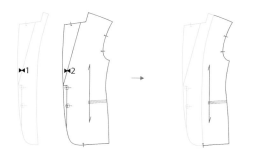

2점이동 [mg] `그룹-2점이동`

2점을 기준 간격으로 이동한다.

→ 그룹 내 선의 기준점 측을 지시: 1▶◀🖱
　이동 후 요소의 끝점을 지시: 2▶◀🖱

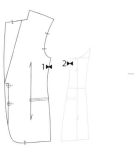

이동회전 [mrg] `그룹-이동회전`

그룹화되어 있는 패턴을 이동하며 회전시킨다.

→ 그룹 내 선의 기준점 측을 지시: 1▶◀🖱
　이동 후 요소의 끝점 지시: 2▶◀🖱
　회전 후 요소의 끝점 지시: 2▶◀🖱

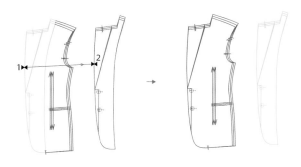

임의이동 [dmg] `그룹-임의이동`

그룹화되어 있는 패턴을 임의로 이동한다.
그레이딩한 후 분리할 경우 많이 활용된다.

→ 그룹 내의 한 요소를 지시: 1▶◀
　마우스를 이동: (이동 후) 2▶◀🖱

그룹화　　　　　비그룹화

그룹화 되어 있는 요소 표시 [g]

그룹화되어 있는 요소는 같은 컬러로 표시된다.
그룹화되어 있지 않은 요소는 흰색으로 표시된다.

레이(Lay)에 관련된 기타 기능

사이즈별로 이동·복사를 하거나 지정한 사이즈를 표시한다.

지정 사이즈 [[⇧Shift]+[F6]]

그레이딩되어 있는 여러 사이즈 중에서 지정한 사이즈만 화면에 표시된다.

전체 사이즈 [[⇧Shift]+[F7]]

❶ **[패턴 전 사이즈]**: 화면에 패턴만 보인다.
❷ **[그레이딩 정보]**: 화면에 절개선과 절개값만 보인다.
❸ **[전 사이즈]**: 화면에 패턴과 절개선이 모두 보인다.

소거 사이즈 [[⇧Shift]+[F8]]

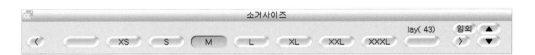

그레이딩되어 있는 여러 사이즈 중에서 지정한 사이즈만 화면에서 소거된다.

추가 사이즈 [alay]

그레이딩되어 있는 여러 사이즈 중에서 지정한 사이즈만 화면에 표시된다.

Tip

지정·소거·추가 사이즈 설정: 화면 상단 좌측에 있는 〈사이즈〉를 활용하여 편리하게 사이즈를 지정·소거·추가할 수 있다.

ctrl + 사이즈 〈 S M L XL XXL 〉

사이즈간 [lcop] 복사-사이즈간

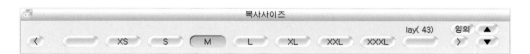

작업 사이즈[LAY]에서 선이나 패턴을 다른 사이즈[LAY]로 복사한다.
복사[cop]는 동일한 사이즈(LAY)에 복사되어 선이 겹치게 되므로 주의한다.

변경레이 [clay]

사이즈[LAY]를 변경한다.

Application of Grading

그레이딩 응용

팬츠 그레이딩

힙(hip)둘레 편차는 일반적으로 3~5cm 정도이고 바지길이 편차는 정장의 경우 밑단 여유분이 많으므로
0.5~0.6cm, 캐주얼은 1~2cm가 보편적이다.

선 정리 및 사이즈별 편차 확인

- 그레이딩을 작업한 후에 큰 사이즈가 겹치지 않도록 공간을 재배치한다.
- 외각 연결 상태를 확인하고 편차 확인의 기준점이 되는 선을 끊어준다.
  예) 밑위선, 힙선, 무릎선 등

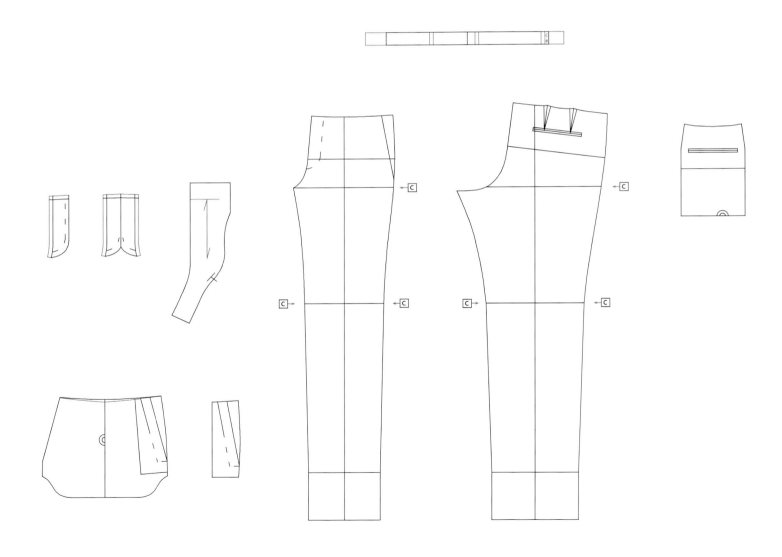

다음은 팬츠의 사이즈 편차표이다.

단위: cm

부위＼사이즈	S	M	L	XL	편차
바지길이	104.4	105	105.6	106.2	0.6
허리둘레	82	86	90	94	4
힙둘레	94	98	102	106	4
앞밑위길이	23.9	24.5	25.1	25.7	0.6
바짓부리	41.2	42	42.8	43.6	0.8

바지길이는 벨트를 포함하는 치수이며 시접여유분 13cm는 제외하였다.

정장바지의 길이 편차는 밑단시접 여유분이 많으므로 앞밑위길이 편차만 대입한다.

절개선입력

- 편차값의 배분을 고려하여 절개선을 입력한다.
- 밑위선을 기준으로 위아래 편차가 다르므로 기준 직각선의 두 번째 포인트는 밑위선 아래에 입력한다.
- 앞·뒤판 절개선에 맞추어 주머니, 벨트 등에 절개선을 입력한다.

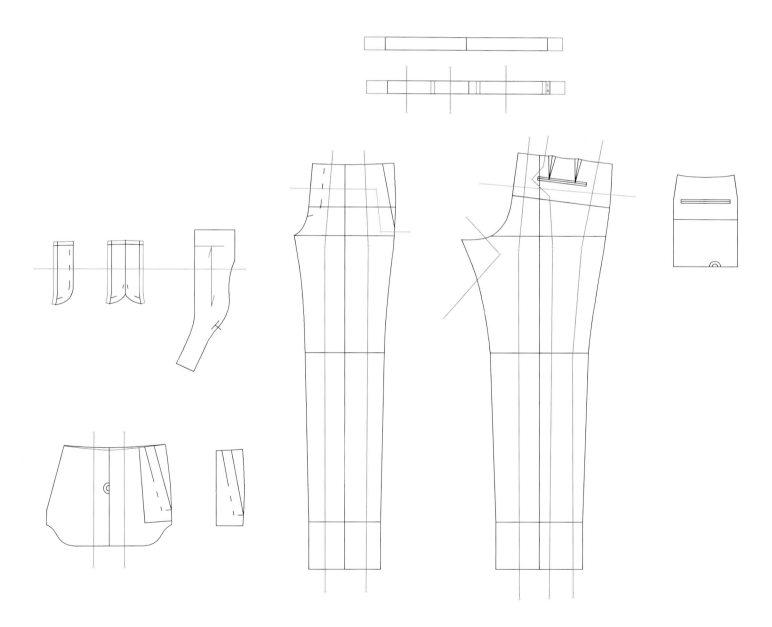

절개량 배분

- 바지는 주름선을 기준으로 5:5의 비율로 그레이딩하는 것이 일반적이다.
- 세부적인 편차값은 밑위길이 0.5~0.6cm, 바짓부리는 0.6~1.2cm 범위이다.

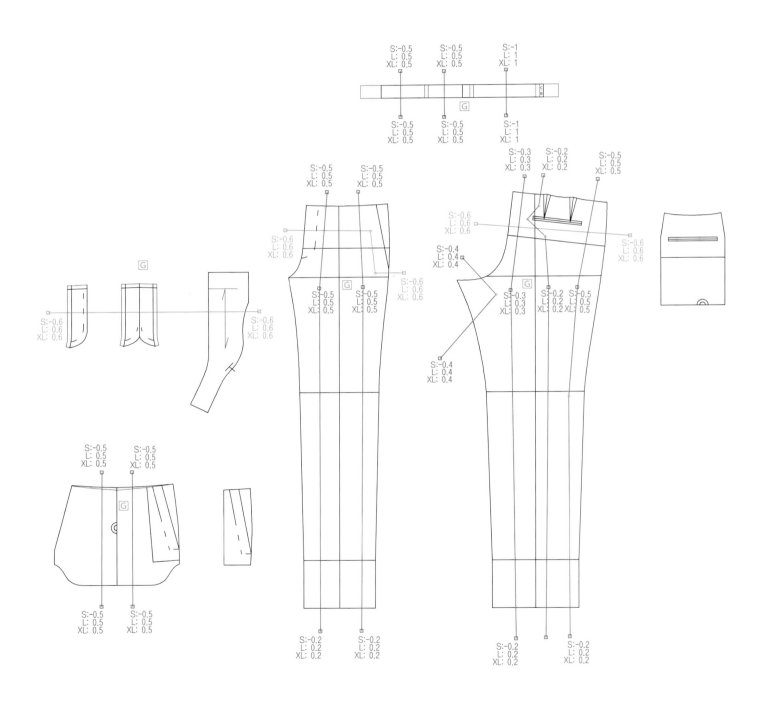

기준점 지정 후 전개

- 기준점은 그림에 표기된 위치에 설정하여 전 사이즈 전개 후에 편차값을 확인할 때 용의하게 해준다.
- 전개 시 피스[Piece]마다 하나의 기준점을 두며 절개선과 절개항이 동일한 경우에는 하나의 기준점으로
  같이 전개하는 경우도 있다.

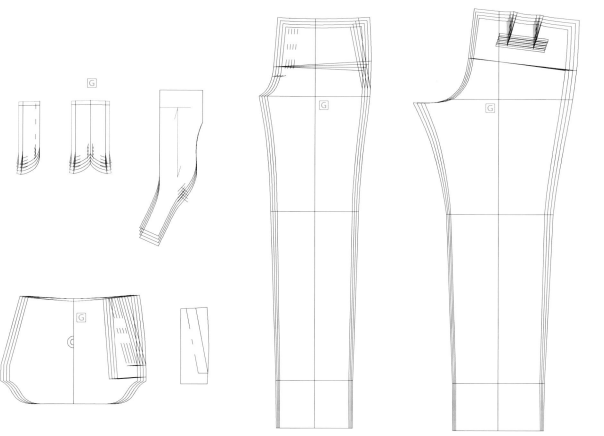

기준선 및 곡선 정리

● 절개선의 위치에 따라 기준선이 임의의 값으로 전개되는 경우 [단점이동]을 활용하여
  선 정리를 한다(pp. 246~247).
● 절개량을 입력할 때 기준이 되는 포인트를 기준점으로 두고 [단점이동]을 한다.

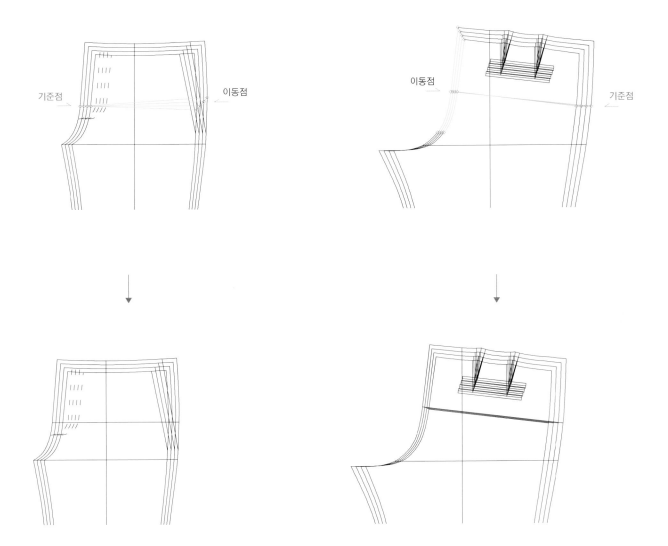

길이 편차 배분 방식

길이 편차는 키편차에 대하여 인체 등신을 나누어 계산한다.

예) 키 전체 편차 3cm 기준일 때: 3cm/7.5(등신)=0.4cm(1등신의 편차)

키 전체 편차 5cm 기준일 때: 5cm/7.5(등신)=0.666cm(1등신의 편차)

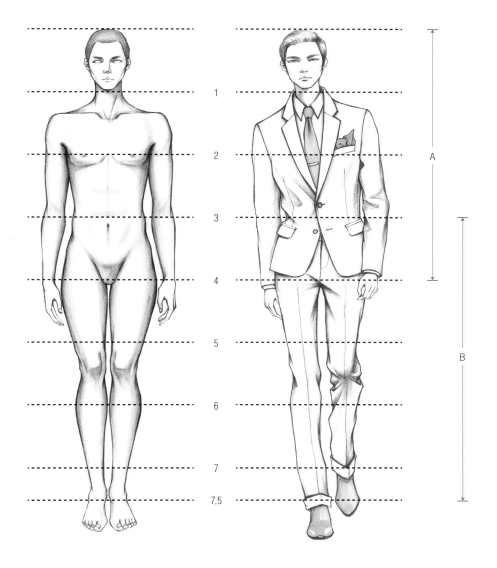

A. 재킷길이 편차: 키 전체 편차 3cm 기준일 때: 0.4cm×3=1.2cm

키 전체 편차 5cm 기준일 때: 0.67cm×3=2cm

B. 팬츠길이 편차: 키 전체 편차 3cm 기준일 때: 0.4cm×4.5=1.8cm

키 전체 편차 5cm 기준일 때: 0.67cm×4.5=3cm

셔츠 그레이딩

선 정리 및 사이즈별 편차 확인

- 그레이딩을 작업한 후에 큰 사이즈가 겹치지 않도록 공간을 재배치한다.
- 외각 연결 상태를 확인하고 편차 확인의 기준점이 되는 선을 끊어준다.
  예) 암홀둘레선, 허리선 등

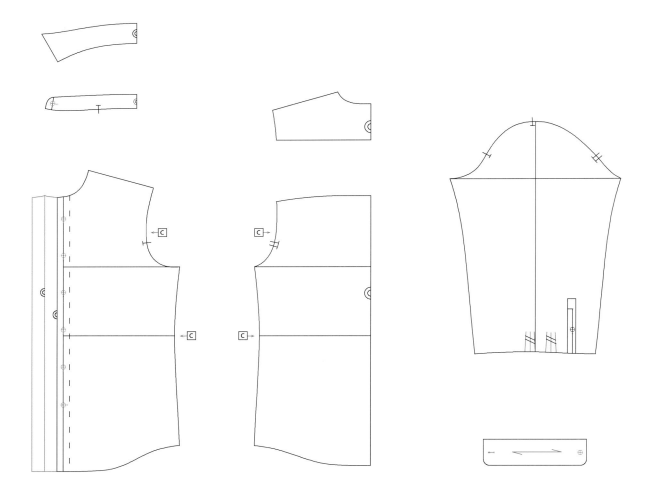

다음은 셔츠의 사이즈 편차표이다.

단위: cm

부위 \ 사이즈	S	M	L	XL	편차
셔츠길이	74.5	76	77.5	79	1.5
가슴둘레	108	112	116	120	4
어깨너비	45.5	47	48.5	50	1.5
목둘레	39.3	40.5	41.7	42.9	1.2
소매길이	62.5	64	65.5	67	1.5
커프스둘레	24.1	24.8	25.5	26.2	0.7

칼라밴드의 둘레편차는 몸판의 목둘레 편차를 대입한다.

절개선입력

- 편차값의 배분을 고려하여 절개선을 입력한다.
- 단추의 간격을 고정시킬 경우에는 막대의 위치를 마지막 단추 아래로 입력하고 단추의 간격을 길이 비율로 배분할 경우에는 앞판 그레이딩작업 후 수정한다.
- 소매통과 소맷부리의 편차가 다르므로 기준직각선의 두 번째 포인트는 소매통 아래에 입력한다.

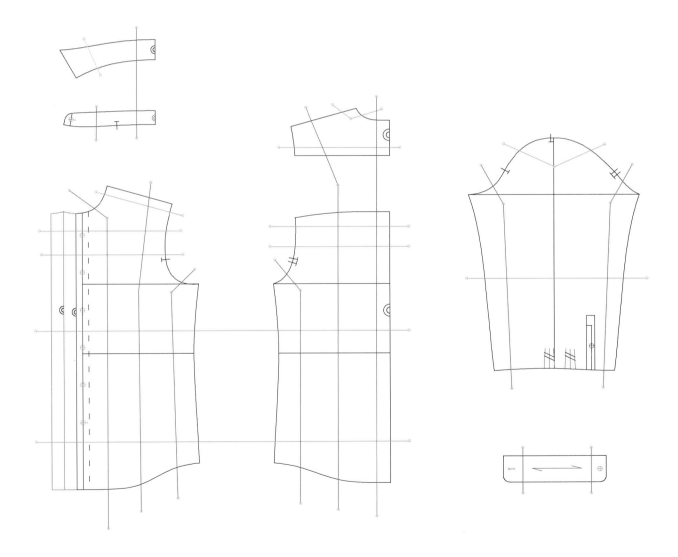

절개량 배분

- 절개량을 대입할 때에는 작은 수치부터 입력한다.

  즉, 목너비 부위의 절개량 → 어깨너비 부위의 절개량 → 가슴둘레 부위의 절개량 순으로 입력한다.

- 일반적으로 목너비 1/2 절개량은 0.2~0.32cm 정도이고 뒷목에서 진동선까지의 길이 절개량은 0.5~0.64cm이며

  커프스 둘레의 절개량은 0.5~0.8cm의 범위이다.

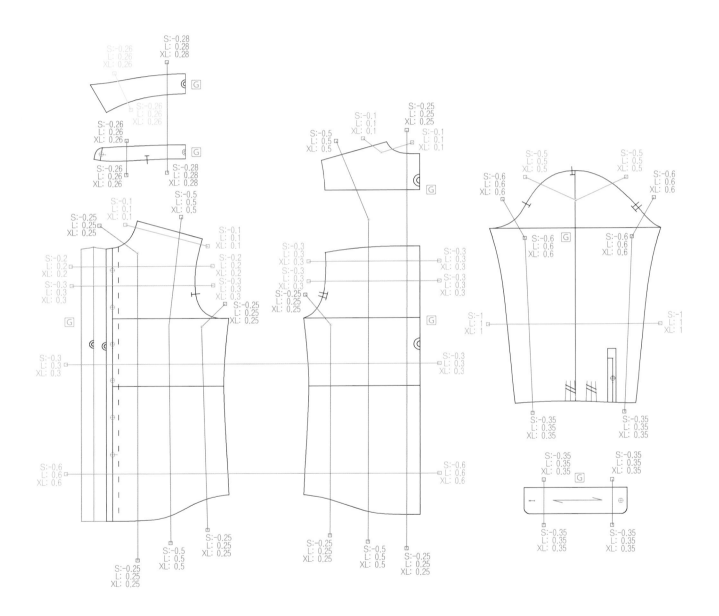

기준점 지정 후 전개

● 기준점은 그림에 표기된 위치에 설정하여 전 사이즈 전개 후에 편차값을 확인할 때 용이하게 해준다.

● 전개 시 피스[Piece]마다 하나의 기준점을 두며 절개선과 절개향이 동일한 경우에는 하나의 기준점으로 같이
전개하는 경우도 있다.

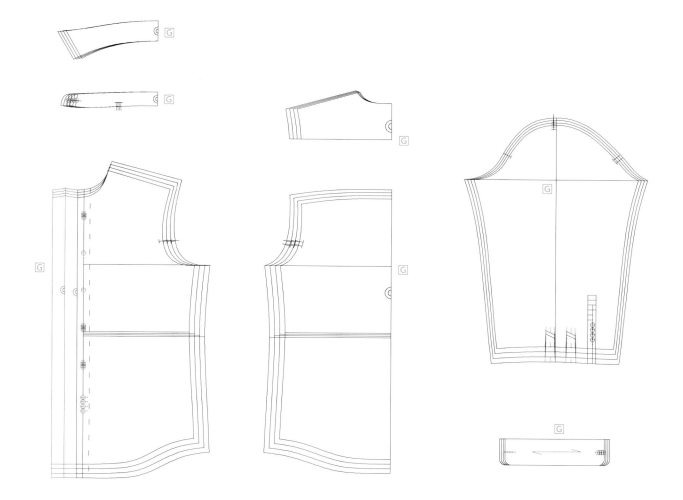

기준선 및 곡선 정리

- 그레이딩 후 너치의 위치를 확인한다.
- 단추의 간격을 길이 비율로 배분할 경우에는 기본 사이즈의 단추와 기준선을 별도로 그레이딩한 후 앞목중심점을 기준으로 옮긴다. 전 사이즈를 동시에 옮길 경우 기준이동[mvp]을 활용한다.

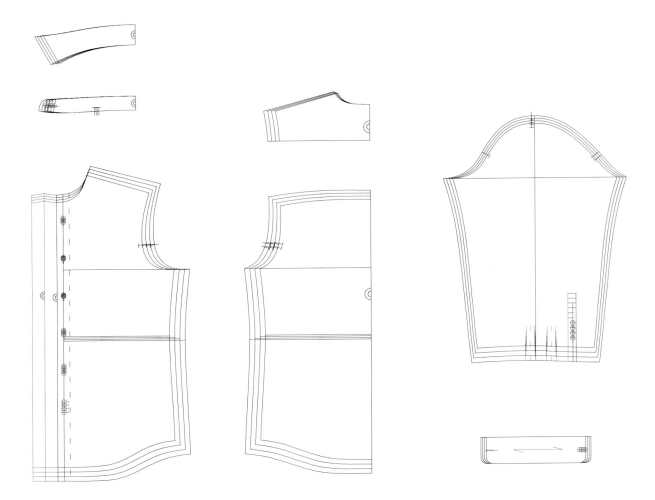

둘레 편차배분 방식

상의 편차배분은 가슴둘레를 기준으로 10등분하여 1/2앞품을 2, 옆품을 1, 1/2뒤품을 2로 배분한다.
캐주얼 스타일에서 일반적으로 사용하는 배분방식이다.

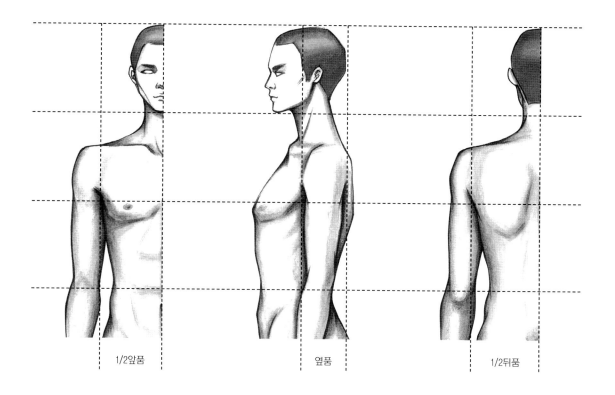

예) 1/2가슴둘레 편차 2cm일 경우: 1/2앞품 편차 0.8cm
옆품 편차 0.4cm
1/2뒤품 편차 0.8cm

재킷 그레이딩

선 정리 및 사이즈별 편차 확인

- 그레이딩을 작업한 후에 큰 사이즈가 겹치지 않도록 공간을 재배치한다.
- 외각 연결 상태를 확인하고 편차 확인의 기준점이 되는 선을 끊어준다.
  예) 암홀둘레선, 허리선, 뒷목둘레선 등

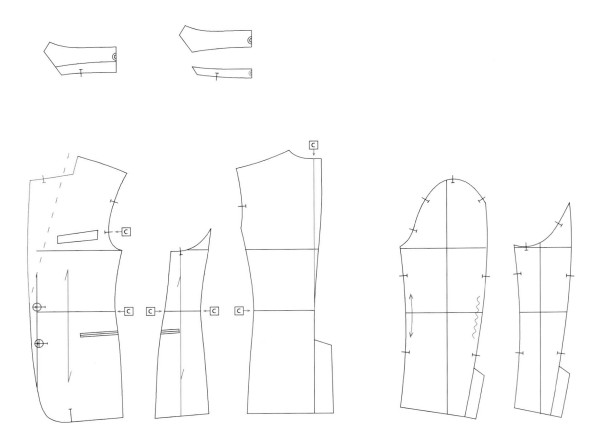

다음은 재킷의 사이즈 편차표이다.

단위: cm

부위 \ 사이즈	S	M	L	XL	편차
재킷길이	68	69.5	71	72.5	1.5
가슴둘레	98	102	106	110	4
어깨너비	43.8	45	46.2	47.4	1.2
뒷목너비	16.5	17	17.5	18	0.5
소매길이	62.5	64	65.5	67	1.5
소맷부리	26.2	27	27.8	28.6	0.8

진동깊이: 0.6cm 편차

절개선입력

- 편차값의 배분을 고려하여 절개선을 입력한다.
- 소매통과 소맷부리의 편차가 다르므로 기준직각선의 두 번째 포인트는 소매통 아래에 입력한다.
- 앞판 라펠은 브랜드에 따라 그레이딩 방식이 여러 가지이다. 이 책에서는 앞판 그레이딩 후 수정·보안하는 방식으로 전개한다.
- 주머니와 같은 부속은 편차값을 묶는 경우가 많으므로 편차값이 영향을 미치지 않도록 절개선을 입력한다.

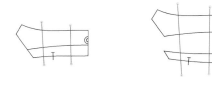

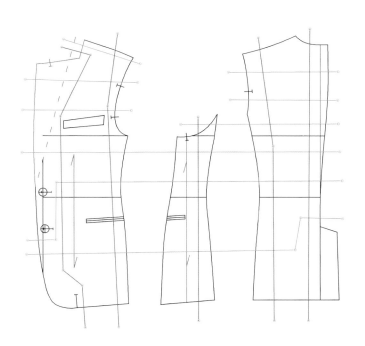

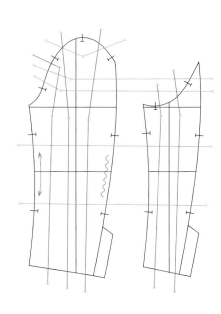

절개량 배분

- 절개량을 대입할 때에는 작은 수치부터 입력한다.
  즉, 목너비 부위의 절개량 → 어깨너비 부위의 절개량 → 가슴둘레 부위의 절개량 순으로 입력한다.
- 일반적으로 목너비 1/2 절개량은 0.2~0.32cm 정도이고 뒷목에서 진동선까지의 길이 절개량은 0.5~0.64cm이며
  소맷부리의 절개량은 0.5~1cm의 범위이다.
- 소매산과 소매통 절개량 배분법: 앞뒤 암홀둘레 편차 1/3은 소매산에 대입하고 2/3는 소매통에 대입한다.

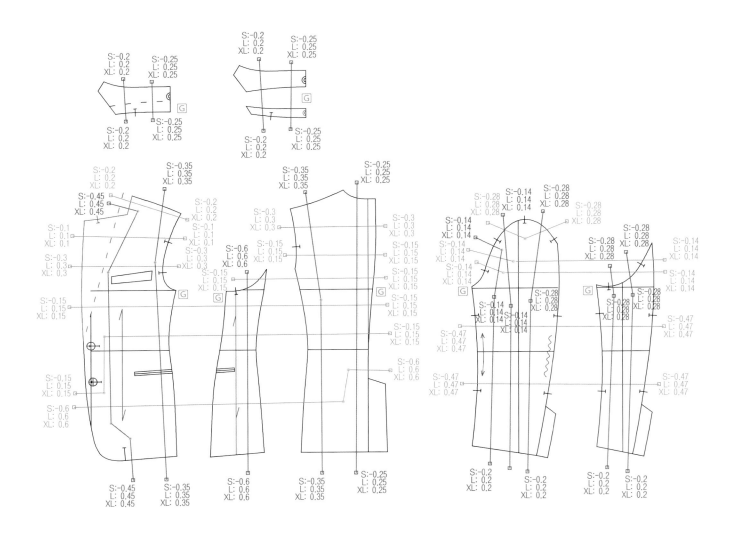

기준점 지정 후 전개

- 기준점은 그림에 표기된 위치에 설정하여 전 사이즈 전개 후에 편차값을 확인할 때 용이하게 해준다.
- 전개 시 피스[Piece]마다 하나의 기준점을 두며 절개선과 절개향이 동일한 경우에는 하나의 기준점으로
  같이 전개하는 경우도 있다.

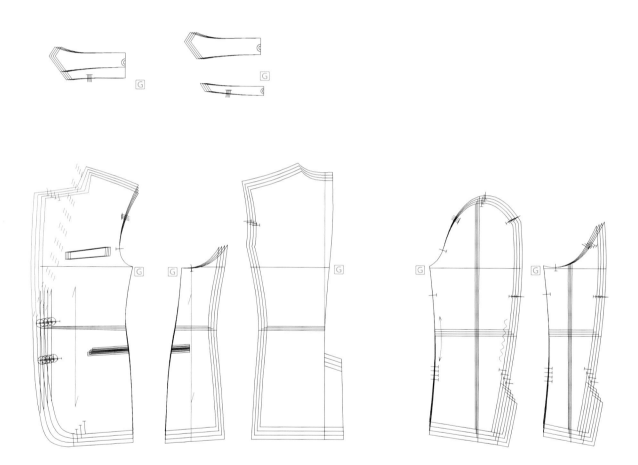

기준선 및 곡선 정리

- 앞판 라펠은 그레이딩 전개 후 기본 사이즈의 패턴을 복사하여 길이수정 후 각 사이즈마다 붙여준다.
  이는 칼라와 봉제될 옆목선을 평행하게 만들고 라펠의 폭을 동일하게 만들기 위해서이다.

❶ 기본 사이즈 라펠 부위를 각 사이즈에 복사한다. [lcop]
  옆목선의 길이를 0.2cm 편차로 수정한다.

❷ 양쪽 기준점으로 라펠을 옮긴다. [mvrt]

❸ 선 정리한다. [sr]

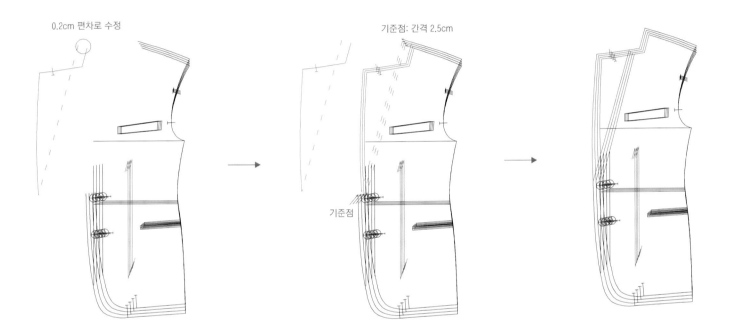

Some Tips

드롭(drop)

남성복에서는 가슴둘레와 허리둘레의 차인 드롭(drop)치를 기준으로 체형을 크게 3가지로 분류한다.

예) 가슴둘레/2 – 허리둘레/2 = 드롭 2cm ····· 배가 나온 체형

가슴둘레/2 – 허리둘레/2 = 드롭 6cm ····· 표준 체형

가슴둘레/2 – 허리둘레/2 = 드롭 8cm ····· 마른 체형

재킷의 둘레 편차

배분 방식은 드롭(drop)치 또는 스타일에 따라 배분을 다르게 대입한다.

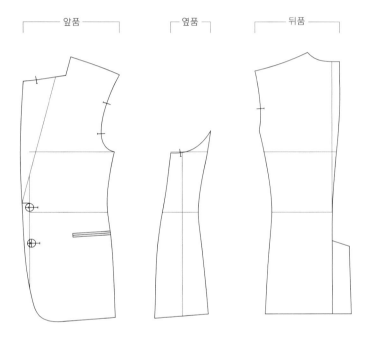

재킷 둘레편차 배분율은 다음과 같다.

스타일	1/2앞품	옆품	1/2뒤품
포멀 재킷(formal jacket)	50%	25%	25%
컨템퍼러리 재킷(contemporary jacket)	40%	30%	30%
캐주얼 재킷(casual jacket)	33.3%	33.3%	33.3%

예) 컨템퍼러리 재킷

1/2가슴둘레 편차 2cm일 경우: 1/2앞품 편차 0.8cm

옆품 편차 0.6cm

1/2뒤품 편차 0.6cm

마킹
Marking

Command of Marking

Application of Marking

마킹이란 아이템 1벌 당 소요되는 원단 소요량을 알아보기 위한 것으로, 그레이딩된 패턴을 원단폭과 무늬·원단의 결방향·마커벌수·사이즈별 생산수량 배분 등 여러 가지 조건사항을 설정한 후 배치하는 작업이다. 효율적인 마킹 작업은 생산원가의 비용을 절감시키는 중요한 작업이다.

바탕화면에 있는 를 더블클릭하여 마킹 작업화면을 실행시킨다.

마킹
marking

CHAPTER

10

Command of Marking
마킹 명령어

패턴 작성

패턴의 영역에 따른 마카정보를 설정한다.
〈패턴 제작〉에서 영역설정 후 마킹으로 이동될 경우 〈패턴 작성〉 화면은 생략된다.

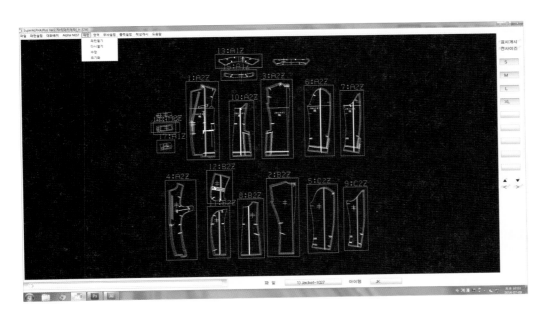

패턴 작성 화면

패턴

패턴 열기: 〈패턴 제작〉에서 작업한 패턴을 불러온다.
수정: 〈패턴 제작〉 화면으로 돌아가서 패턴을 수정할 수 있다. 〈패턴 제작〉에서 수정 후 오른쪽 상단의 종료를
클릭하면 수정된 파일이 〈패턴 설정〉으로 열린다.

영역

자동영역: 크기 순서대로 자동으로 영역을 설정한다.
수동영역: 지정하는 순서에 따라 수동으로 영역을 설정한다.
변경영역: 〈마킹정보〉를 변경한다.
순서입력: 영역 순서대로 〈마킹정보〉를 설정한다.
지정해제: 설정된 영역을 지정하여 삭제한다.
전체해제: 설정된 영역 전체를 삭제한다.
영역설정은 〈패턴 제작〉에서의 명령어와 동일하다(참고 pp. 45~46).

작성 개시

전체 패턴: 전 사이즈의 패턴 외곽선을 확인한 후 〈패턴 설정으로〉를 선택하면 패턴 설정 화면으로 이동한다.
외곽선이 하늘색으로 확인되지 않은 경우에는 〈패턴 제작〉에서 패턴을 수정한다.
패턴 펴기: 골선으로 작성된 패턴을 펴준다.

패턴 설정

설정된 〈마카정보〉를 재확인하고 수정할 수 있다.
〈마카정보〉가 설정되면 〈원단 설정〉에서 원단의 폭 또는 무늬의 간격을 설정한다.

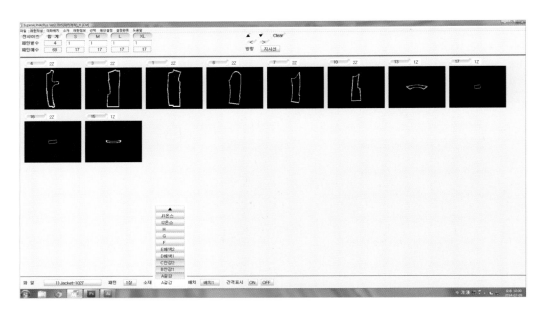

패턴 설정 화면

소재

소재변경: 변경할 패턴을 선택한 후 〈소재변경〉에서 변경할 소재를 선택한다.
소재복사: 복사할 패턴을 선택한 후 〈소재복사〉에서 복사할 소재를 선택한다.

패턴 정보

패턴매수: 수정할 패턴을 선택한 후 패턴매수를 수정한다.
원단결선: 수정할 패턴을 선택한 후 원단의 결선을 수정한다.
패턴간격: 수정할 패턴을 선택한 후 상하좌우의 패턴간격을 입력한다.

패턴간격

선택

전체 지시: 패턴이 모두 선택된다.
지시 취소: 선택된 패턴을 취소한다.

원단설정

원단폭: 소재별로 원단의 폭을 입력한다.

목표요척: 필요한 원단의 폭을 임의로 입력한다. 단, 목표요척이 마킹한 요척보다 작게 입력한 경우 남아 있는 패턴이
　　　　　이동하지 않는다.

무늬간격 입력: 스트라이프 간격이나 체크무늬 간격을 설정한다.
　　　　　〈커맨드〉 아래를 클릭하면 〈무늬설정〉이 나온다. 무늬의 방향에 따라 간격을 입력한 후 〈폭방향수정〉
　　　　　또는 〈길이방향수정〉을 선택하여 세부사항을 입력한다.

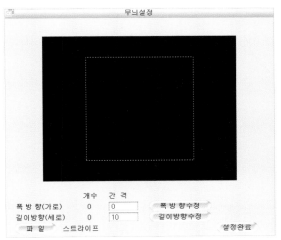

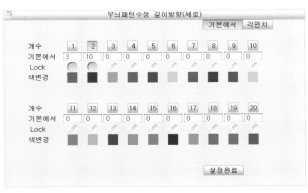

설정완료

전소재 신규: 설정한 전 소재를 〈대화 배치〉로 이동시킨다.

지정패턴 추가: 선택한 패턴만 〈대화 배치〉에 추가시킨다.

사각형 작성: 패턴화되어 있지 않은 부위를 요척할 경우, 임의로 사각형을 만들어 요척할 수 있다.

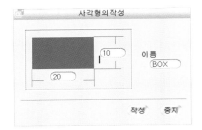

대화 배치

패턴을 원단에 배치하는 과정으로 화면 위쪽에는 미배치된 패턴이 나열되어 있다.

미배치된 패턴을 이동하여 화면 아래쪽에 배치한다.

〈대화 배치〉 화면은 〈패턴리스트〉와 〈미배치화면〉이 있으며 미배치 – 배치조건에서 설정이 가능하다.

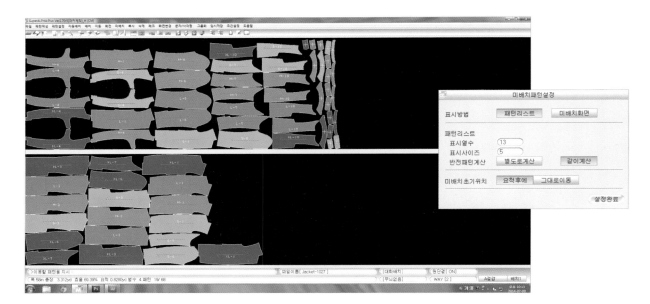

패턴리스트

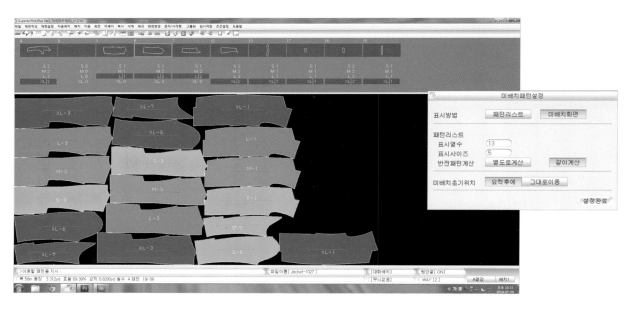

미배치화면

아이콘

많이 사용하는 메뉴가 아이콘화되어 있어 편리하게 사용할 수 있다.

아이콘 위에 마우스를 놓으면 명령문 명칭이 나타난다.

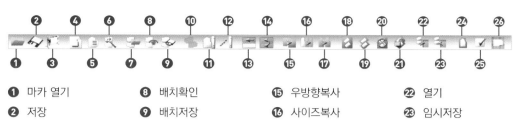

① 마카 열기 **⑧** 배치확인 **⑮** 우방향복사 **㉒** 열기

② 저장 **⑨** 배치저장 **⑯** 사이즈복사 **㉓** 임시저장

③ 플로터 출력 **⑩** 겹침체크 **⑰** 패턴복사 **㉔** 간격변경

④ 패턴 작성 **⑪** 패턴 측정 **⑱** 그룹화 **㉕** 패턴 정보

⑤ 패턴 설정 **⑫** 2점 측정 **⑲** 그룹작성 **㉖** 현 소재 표시

⑥ 자동배치 **⑬** 배치정렬 **⑳** 중지

⑦ 배치실행 **⑭** 배치변경 **㉑** 그룹최소

팝업메뉴

작업 중 오른쪽 마우스를 클릭하면 많이 사용하는 메뉴를 모아 놓은 「팝업메뉴」가 나타난다.
「팝업메뉴」를 불러오는 방법은 「환경설정」에서 설정할 수 있다.

기능키(Function Key)

마킹배치에서의 기능키는 패턴회전 및 화면보기의 기능을 가진다. 기능키의 활용법은 다음과 같다.

구분	F1	F2	F3	F4	F5	F6	F7	F8	F9	F10
기능	수평반전	좌1°회전	좌45°회전	180°회전	겹침배치	부분확대	전체확대	복수이동	상자동배치	하자동배치
Shift +	수직반전	우1°회전	우45°회전	결선변경	슬라이딩	화면복귀	무늬표시	무늬없음	본체배치	부속배치

F1 ──── 패턴의 결방향을 기준으로 좌우가 반전되는 기능

F2 ──── 반시계방향으로 1°씩 회전되는 기능

F3 ──── 반시계방향으로 45°씩 회전되는 기능으로 바이어스 결방향일 경우 사용

F4 ──── 180°씩 회전되는 기능

⇧Shift + F1 ──── 패턴의 결방향을 기준으로 상하가 반전되는 기능

⇧Shift + F2 ──── 시계방향으로 1°씩 회전되는 기능

⇧Shift + F3 ──── 시계방향으로 45°씩 회전되는 기능

⇧Shift + F4 ──── 원단결선의 ON / OFF를 설정하는 기능

F5 ──── 0.1cm 겹쳐서 마킹

F6 ──── 대각선의 영역을 설정하여 부분확대하는 기능

F7 ──── 모든 패턴이 화면에 표시되는 기능

F8 ──── 영역으로 여러 패턴을 한 번에 이동시키는 기능

F9 ──── 모든 패턴이 화면에 표시되는 기능

F10 ──── 영역으로 여러 패턴을 한 번에 이동시키는 기능

⇧Shift + F5 ──── 〈Shift+F5〉를 선택할 때마다 슬라이드 방식이 바뀌는 기능[WAY 0·1·2]

⇧Shift + F6 ──── 미배치영역·배치영역의 양 화면이 초기 상태로 표시되는 기능

⇧Shift + F7 ──── 배치화면에 무늬를 표시하는 기능

⇧Shift + F8 ──── 무늬 맞춤을 하지 않는 상태에서 패턴을 이동시키는 기능

⇧Shift + F9 ──── 본체패턴 내의 본체병점이 원단의 무늬에 맞춰 배치하는 기능

⇧Shift + F10 ──── 부속패턴 내의 부속기준점이 본체 패턴상의 부속배치점에 맞추어 배치하는 기능

자동배치

자동배치는 소재에 따라 시간(분), 복수 배치, 사이즈 배치, 결과확인을 선택한 후 실행하면 효율에 따른
자동배치 결과가 나온다.

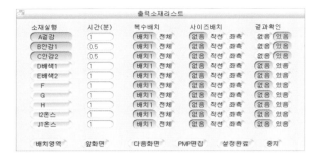

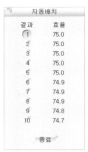

자동배치 설정   자동배치 결과

배치벽선

배치화면에 입력한 수치의 벽선을 그린다. 원단의 무늬나 원단 상태에 따라 벽선을 설정하여 배치한다.

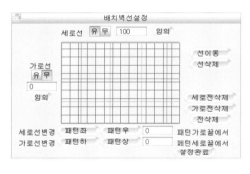

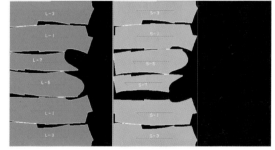

배치벽선 설정   배치선

미배치

배치정렬: 〈미배치화면〉에서 패턴을 임의로 정리한다.
배치변경: 〈미배치화면〉과 〈배치화면〉의 패턴 위치를 바꿔준다.

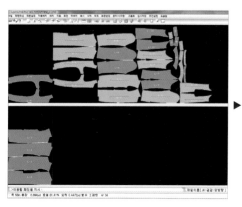

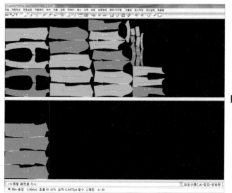

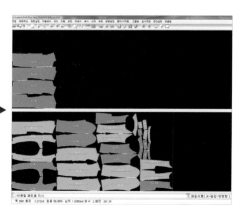

배치정렬   배치변경

복사

배치변경화면에서 배치한 전체패턴을 설정한 방향과 벌수에 따라 복사한다.

우방향복사: 벌수와 복사하는 방향(위아래)을 설정한다.

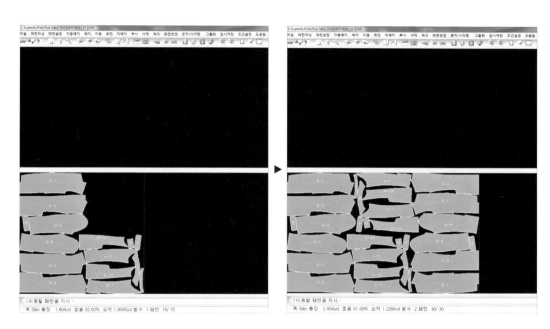

2벌/회전

상방향복사 – 상반전복사: 상방향복사는 패턴방향 그대로 배치화면 위쪽에 복사되고
　　　　　　　　　　 상반전복사는 패턴방향을 좌우 변경하여 복사된다.

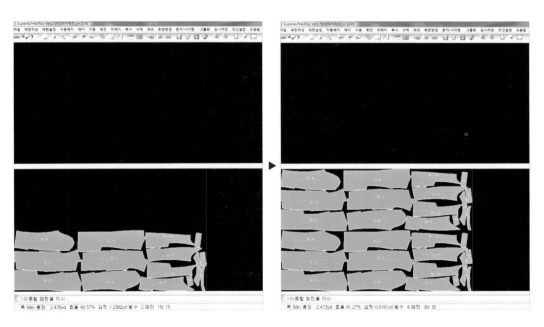

상방향복사

삭제

패턴을 삭제하는 기능으로 패턴삭제, 영역삭제, 소재삭제, 배치삭제, 사이즈삭제, 1벌삭제 등이 있다.

겹침체크

배치된 패턴의 겹침 상태를 나타내는 것으로 겹친 패턴은 붉은색으로 표시된다.

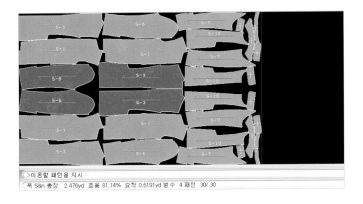

임시저장

배치한 패턴을 임시로 저장한 후 효율을 비교하여 선택할 수 있다.
열기·임시저장을 할 경우 〈No〉의 저장번호를 선택한다.

No	소재명	배치	원단폭	외곽효율/간격효율	요척	총장	패턴수
저장1	A겉감	배치1	58in	72.70 / 72.70	0.6910yd	2.764yd	30
저장2	A겉감	배치1	58in	76.93 / 76.93	0.6530yd	2.612yd	30
저장3	A겉감	배치1	58in	81.27 / 81.27	0.6181yd	2.473yd	30
저장4				/			
저장5				/			
저장6				/			
저장7				/			
저장8				/			

초기   중지

조건설정

원단폭·무늬, 패턴정보, 칼라설정, 표시설정 등의 조건을 설정한다.

원단폭·무늬: 소재별 원단의 폭과 무늬 간격을 설정하는 기능으로 [패턴설정]에서의 원단설정과 동일하다.

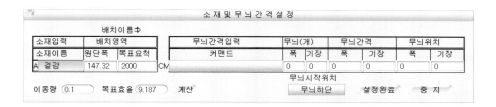

패턴정보: 패턴 정보에 대한 표시조건을 설정한다. 주로 [패턴 내부색 표시], [CM를 INCH로 변환], [Yard 표시 시 INCH로 표시]의 유무를 확인하는 경우가 많다.

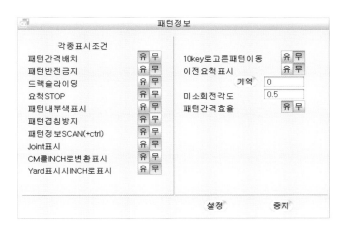

칼라설정: 패턴 사이즈별 또는 벌수별로 색상을 지정할 수 있다.

칼라설정

표시타입 [사이즈지정] [벌수지정]　　　상

XS	1	2	3	4	5	6	7	8	9	10	11	12	13	14
S	1	2	3	4	5	6	7	8	9	10	11	12	13	14
M	1	2	3	4	5	6	7	8	9	10	11	12	13	14
L	1	2	3	4	5	6	7	8	9	10	11	12	13	14
XL	1	2	3	4	5	6	7	8	9	10	11	12	13	14
	1	2	3	4	5	6	7	8	9	10	11	12	13	14
	1	2	3	4	5	6	7	8	9	10	11	12	13	14
	1	2	3	4	5	6	7	8	9	10	11	12	13	14
	1	2	3	4	5	6	7	8	9	10	11	12	13	14

하

한방향	1	2	3	4	5	6	8	9	10	11	12	13	14	15
양방향	1	2	3	4	5	6	8	9	10	11	12	13	14	15
무지	1	2	3	4	5	6	8	9	10	11	12	13	14	15
그룹	1	2	3	4	5	6	8	9	10	11	12	13	14	15

설정완료　중지

표시설정: 마카에서 화면에 표시되는 요소들을 설정한다.
　　　　　일반적으로 가장 최소한의 표시만 하고 마킹하지만 무늬를 맞춰야 할 경우 완성선 및 내부선을
　　　　　표시하고 마킹한다.

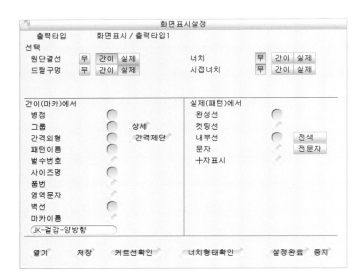

화면표시설정

출력타입　　화면표시 / 출력타입1
선택
원단결선　무　간이　실제　　너치　　　무　간이　실제
드릴구멍　무　간이　실제　　시접너치　무　간이　실제

간이(마카)에서
병점　　　　○
그룹　　　　○　　상세
간격외형　○　　간격제단
패턴이름　○
벌수번호　○
사이즈명　○
품번
영역문자
벽선　　　○
마카이름
[JK-걸감-양방향]

실제(패턴)에서
완성선　　　○
컷팅선
내부선　　　○　　전색
문자　　　　　　　전문자
十자표시

열기　　저장　　커트선확인　　너치형태확인　　설정완료　중지

파일 관리 및 출력

마카 열기 및 저장

마킹한 파일을 불러오거나 저장하며 확장자명은 [.mkx]이다.
불러오거나 저장하는 방법은 [패턴 제작]의 방법과 동일하다.

출력

마킹한 파일을 일반 프린트로 출력한다.
[출력조건]의 [플로터조건]에서 [LBP]를 선택한 후 용지규격에 맞춰 설정한 후 출력한다.

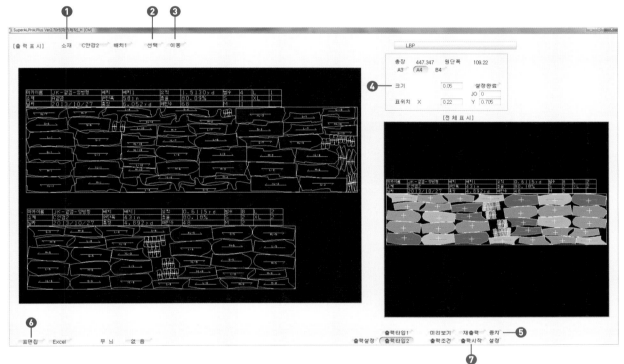

① **소재**: 소재별 요척을 확인한다.

② **선택**: 선택에서 소재를 하나씩 [설정]하면 한 용지에 여러 소재의 표를 출력할 수 있다.

③ **이동**: 표를 임의로 옮길 경우 선택한다.

④ **크기**: 실제 사이즈인 마킹자료를 축소하여 출력할 용지에 맞춰 설정한다. 수치변경 후 〈설정완료〉를 클릭한다.

⑤ **중지**: 대화배치화면으로 되돌아간다.

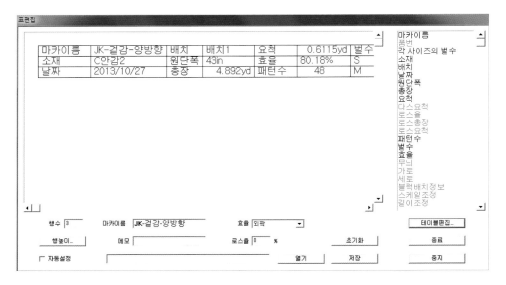

❻ 표편집: 표에 대한 내용을 설정한다.

표의 줄의 개수는 〈행수〉에서 설정하고 높이는 〈행높이〉에서 설정한다.

테이블 편집에서 표의 내용을 드래그하여 표 안에 넣거나 빼준다.

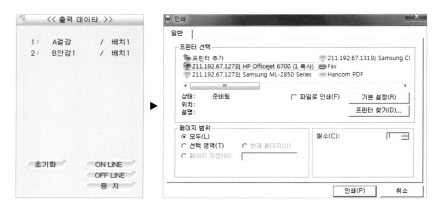

❼ 출력시작: 용지에 출력될 〈출력 데이타〉가 나오면 〈ON LINE〉을 클릭하여 출력을 실행시킨다.

Application of Marking

마킹 응용

실무 마킹 예시

(1) 재킷 한방향 마카

원단결 방향이 뚜렷한 경우에는 한방향 마카를 넣는다.
한방향 마카는 효율이 낮은 편이다.

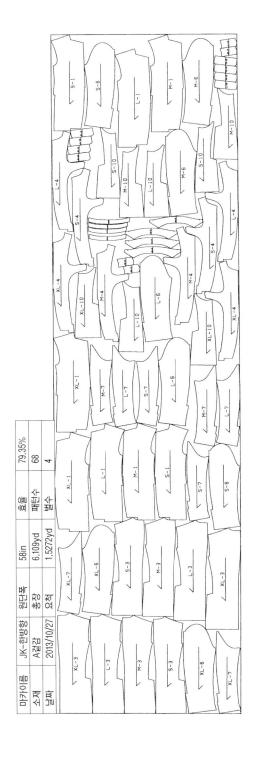

마카이름	JK-한방향	원단폭	58in	효율	79.35%
소재	A겉감	총장	6.109yd	패턴수	68
날짜	2013/10/27	요척	1.5272yd	필수	4

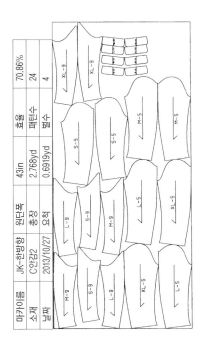

마카이름	JK-한방향	원단폭	43in	효율	70.86%
소재	C안감2	총장	2.768yd	패턴수	24
날짜	2013/10/27	요척	0.6919yd	필수	4

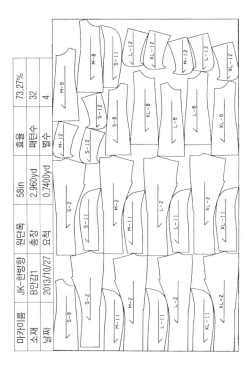

마카이름	JK-한방향	원단폭	58in	효율	73.27%
소재	B안감1	총장	2.960yd	패턴수	32
날짜	2013/10/27	요척	0.7400yd	필수	4

(2) 재킷 양방향 마카

원단결 방향이 무관한 경우에는 양방향 마카를 넣는다.

양방향 마카는 효율이 한방향보다 높은 편이다.

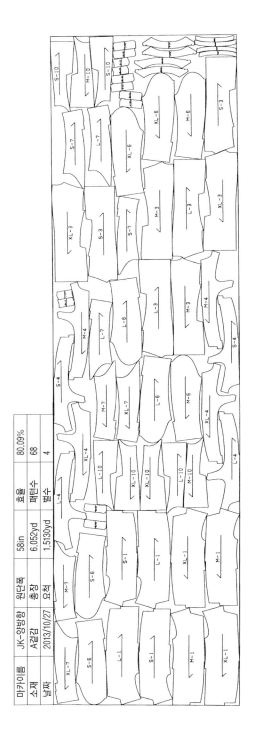

마카이름	JK-양방향	원단폭	58in	효율	80.09%
소재	A겉감	총장	6.052yd	패턴수	68
날짜	2013/10/27	요척	1.5130yd	벌수	4

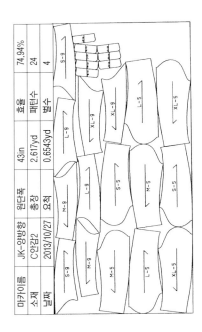

마카이름	JK-양방향	원단폭	43in	효율	74.94%
소재	C안감2	총장	2.617yd	패턴수	24
날짜	2013/10/27	요척	0.6543yd	벌수	4

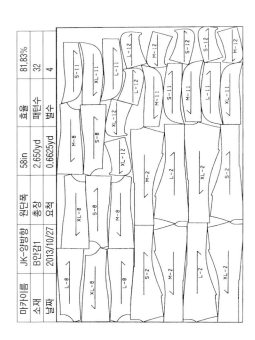

마카이름	JK-양방향	원단폭	58in	효율	81.83%
소재	B안감1	총장	2.650yd	패턴수	32
날짜	2013/10/27	요척	0.6625yd	벌수	4

(3) 재킷 양방향 마카-회전 2벌 복사

C안감2(p. 286)

원단의 남은 부위가 많은 경우 전체를 회전 복사하면 쉽게 효율을 높일 수 있다.

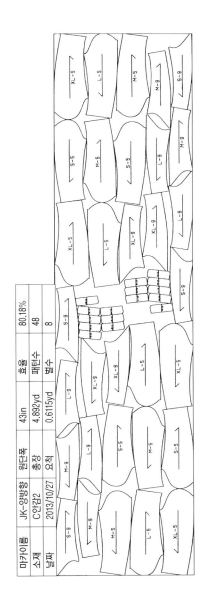

마카이름	JK-양방향	원단폭	43in	효율	80.18%
소재	C안감2	총장	4.892yd	패턴수	48
날짜	2013/10/27	요척	0.6115yd	벌수	8

SUPPLEMENT Super ALPHA: Plus ver 2.70

파일

+파일	
파일 열기	call
참조 열기	ref
새 파일	new
덮어쓰기저장	owr
저장	save
패턴삭제	pdel
패턴이동	pmv
패턴복사	pcop
항목변경	
자동저장 열기	acall
+원형파일	
원형열기	gcal
원형저장	gsav
+곡선저장	
곡선저장	csav
열기	ccal
길이조정	mach
표시	con
삭제	cdel
+자료정리	
자료삭제	fdel
자료이동	fmv
자료복사	fcop
장치구분	dev
포트설정	pt
+IMPORT	
T/A/D 입력	imp
T/A/D 설정	imps
HPGL 입력	
HPGL 설정	
SCANNER	
SCAN 열기	
SCAN 환경	
체크삭제	
구TIIP입력	
구TIIP설정	
구AAMA입력	
구AAMA설정	
+EXPORT	
T/A 출력	exp
T/A 설정	exps
구TIIP전체	
구TIIP지정	
구AAMA전체	
구AAMA지정	
+BMP	
저장	
열기	
클립저장	
클립열기	
+JPG	
저장	
열기	
클립 저장	
클립 열기	
+EMF	
저장	
열기	
클립 저장	
클립 열기	
+WMF	
열기	
클립 열기	
+화면인쇄	
지정영역	
전체화면	
실제크기	
MAKING	
환경	env
종료	exit

입력

패턴입력	digt
추가입력	fit
입력메뉴	

+TRACE

JPEG 보정	at
화상파일	atf
수직보정	hv
수평보정	hh
결선맞춤	zcy
+펜입력	
패턴입력	pig
추가입력	pit

출력

자동영역	aa
수동영역	ma
영역삭제	ad
전체삭제	ada
출력	plot
부분출력	splt
출력중지	stop
임시중지	pls
계속진행	plr

니트패턴

상의	
래그런	
돌만	
원피스	
소매	
칼라	
스커트	
바지	

패턴

외주름	khda
맞주름	bhda
핀턱	phda
칼라절개	cola
면적이동	amv(men)
[절개]	
양측절개	bten
편측절개	kten
+다트	
다트	dart
곡선다트	darc
접어보기	ta
다트접기	dara
[분산]	
비율	dap
회전	drt
[전개]	
등분	dten
요소	
+분할분리	
2점방향	b2
상방향	bu
하방향	bd
좌방향	bl
우방향	br
직각절개	bq
각도절개	ba
3점절개	b3
편측절개	be
양측절개	bb
+동분분할	
상방향	beu
하방향	bed
좌방향	bel
우방향	ber
직각절개	beq
각도절개	bea
편측절개	bee
양측절개	beb
+지정분할	
상방향	bsu
하방향	bsd
좌방향	bsl
우방향	bsr
직각절개	bsq
각도절개	bsa
편측절개	bse
양측절개	bsb
부속분리	bx
선 자르기	c

기호

+1-기호	
직각결선	qz
평행결선	paz
반시계	ccz
시계방향	clz
임의결선	zim
결선연장	zm
결선변경	zc
스티치	st
W스티치	wst
이세표시	gaz
터크접기	tuca
터크	tuc
사선	ht
화살표	arw
골표시	w
+2-기호	
단추	bt
상SNAP	snpo
하SNAP	snpm
구멍표시	hol
+표시	k+
CUT 시작점	
너치	aij
봉제너치	ana
자동너치	ajs
연장너치	anb
2분각너치	an2
너치수정	ajm
너치간격	ans
너치연동	are
연동on/off	amr
너치확인	achk
너치설정	ast
너치화	agn
너치해제	ajpm
너치연장	am
너치전개	agrd
+3-기호	
추가	oi
늘임표시	noba
이세	is
심지	sim(shin)
DRILL홀	dril(drh)
털방향	jz
바이어스	jn
역BIAS	jr
기호확인	ack(kck)
+문자	
문자입력	t
영역문자	tb
임의문자	td
메모원점	memp
메모입력	memo
[수정]	
지정변경	tr
지시변경	tm
메모편집	meme
영역변경	tmb
배율변경	tms
경사변경	tma
[신배치]	
배치문자	mol
배치문자임의	mjd
저장문자	mof
자동문자	ky
[표저장]	
표저장	suf
표배치	sul
벡터문자	
TrueType	
폰트변경	ctf
크기설정	tp

시접

영역시접	nu
부분시접	cma
동톱시접	nh
지정시접	
각변경	cas(nc)
+폭변경	
동폭변경	nmh
양폭변경	nmb
폭입력	nt
폭표시ON/OFF	no
+합복확인	
합복확인	nua(na1)
높이곡선	sm
내측확인	smi
내측길이	na4
외측확인	smo
외측길이	na6
반전동형태	na7
반전각형태	na8
합복관계해제	nac
단차이동	smm
시접삭제	nud
시접보조선화	nul
시접합성	nco
시접일반화	nupm
시접확인	nck
시접연동	nre
연동삭제	nca
연동복원	nr
연동표시	
+색지정	
비표시	cna
파란색	
빨간색	
보라색	cpa
초록색	
하늘색	
노란색	
흰색	cwa
+색변경	
비표시	cn
파란색	
빨간색	
보라색	cp
초록색	
하늘색	
노란색	
흰색	cw
시접너치	noc
+색지정	
비표시	nna
파란색	
빨간색	
보라색	npa
초록색	
하늘색	
노란색	
흰색	
+색변경	nn
비표시	
파란색	
빨간색	
보라색	np
초록색	
하늘색	
노란색	
흰색	nw

그레이딩

+절개선	
선입력	gl
점이동	glm
점추가	glp
점삭제	gld
양지정	gi(gv)
+식지정	
SPEC표	gtb
식입력	gf
+포인트	
양지정	gpv
식지정	gpf
룰테이프	gpr
점이동	gpm
점삭제	gpd
점복사	gpc
수정	gre(gmv)
기본변경	gmc
+초기화	
전체	gda
패턴	gip
절개선	gil
전POINT	giav
POINT	giv
전개삭제	gid
+기준점	
작성	gwp(gdp)
이동	gwm(gbm)
삭제	gwd
+계산	
지정	gcp
영역	gca
분산	gdv
합산	gsu
+표시	
ON	poo
OFF	pf
양확인	pvi
칼라설정	gclr
[편차]	
편차합	gpu
각편차	gin
[식]	
식표시	
양표시	
양쪽표시	
+파일	
저장	grf
열기	grl
형태출력	gcag
전개 개시	gr(ggo)
유사곡선	sgc
유사각	sac
기준이동	mvp
+자동절개	
몸판	
소매	
바지	
스커트	
평행절개	gpa
길이맞춤	glk
위치설정	gpos

단점방식

+룰선택	
룰선택	
새 파일	
파일 열기	
구 데이터 열기	
+요소지정	
패턴목록	
Free영역	
지정참조	
순서참조	
자동참조형태	
자동인식설정	
패턴이름변경	
+점지정	
지정번호	ean
영역번호	
점복사	erp
참조대응	era
참조영역	
주점변경	
생략번호지정	
종반전번호	
횡반전번호	
10key입력	
10key편집	
자동인식첨부	
근점순서입력	
+점삭제	
지정삭제	edp
영역삭제	eda
+실행	
전개 개시	
1행실행	
일괄종행	
자동주점	
자동번호	
+화면	
비표시	
표시1	
표시2	
+ToolBar	
단점	
패턴	
사이즈표	
+룰인쇄	
룰출력	
점번호출력	
점번호삭제	
+참조표시	
표시ON	
표시OFF	
대응선표시유	
대응선표시무	
종료	

XYG방식

시작전체영역	xyg
시작영역	xyga
+입력모드	
편차입력	xy
XY입력	xyp
점명입력	xyr
+편차복사	
점복사	xyc
복수지정	xycm
복수영역	xyca
부호반전	xyf
+편차보간	
유사보간	xyh
위치비율보간	xyhp
+기준축	
X축지정	xyax
Y축지정	xyay
각도지정	xyaa
각도참조	xyar
축모드해제	xyac
설정해제	xyad
+너치전개	
요소상이동	xyne
유사이동	xyns
길이이동	xynl
+점이동	
선상이동	xymp
벡터	xyvc
길이맞춤	xylm
+평행이동	
X축평행	xyph
Y축평행	xypv
요소평행	xype
각도회전	xyra
+분배	
양분배	xydv
부속위치	xydp
점재구성	xyt
점초기화	xyi
점명검색	xyn

+테이블

편차회전	xytr
EXCEL	xyec

+원도변경

1화면	xy1q
2화면	xy2q
초기화면	xybq
정보표시	xyif
설정	xys
종료	xye

G수정

+2점선

	gln

+수정

양측수정	gb
편측수정	gk
각결정	gkm
중간수정	gj
선수정	gcl
길이조정	ng
2각수정	gdfl

+회전

3점회전	grt3
이동회전	gmvrt
이동량	ggre
곡선수정	gss
유사이동	srg
평행이동	gpl
선 합치기	grc
선 자르기	gc
좌표변환	gxy
각확인	gac
접어보기	gta

+분할분리

2점방향	gb2
상방향	gbu
하방향	gbd
좌방향	gbl
우방향	gbr
직각절개	gbq
각도절개	gba
3점절개	gb3
편측절개	gbe
양측절개	gbb

+등분분할

상방향	gbeu
하방향	gbed
좌방향	gbel
우방향	gber
직각절개	gbeq
각도절개	gbea
편측절개	gbee
양측절개	gbeb

+지정분할

상방향	gbsu
하방향	gbsd
좌방향	gbsl
우방향	gbsr
직각절개	gbsq
각도절개	gbsa
편측절개	gbse
양측절개	gbsb
부속분리	ggt
유사곡선	gsg
유사각	gsa
비율곡선	gep
기본화	gmly

+G관계

기본지시	gm
영역설정	gms
지시설정	gmsp
영역해제	gmd
지시해제	gmdp
표시종료	gme

체크

길이확인	dim
참조확인	a
각확인	ac

+접속확인

초기화	cki
원상태로	ckb
이동	ckm
지정이동	cka
반전회전	ckam
상태체크	jchk

+측정

측정처리	jm
자동설정	ja
면적측정	mseki

[정보]

정보입력	
요소수정	
너치작성	
시접작성	
초기화	
저장	
열기	
정보표시	taon
정보소거	taof
정보설정	tag

선의 종류

곡선	crv
평행	pl
연속평행	plm
2점선	l
연속선	lc
수평선	lh
수직선	lv
직각선	lq
3점원	a3
사각BOX	box
임의사각	fbox

+기타

연장선	lt
각도선	la
접선	ld
2접선	ld2
등분선	ldq
2각도선	lct
중간곡선	cct
반지름원	cc
지름선	cd
반경중심	crc
임의평행	pp
해치설정	htctbl
해치입력	htc
해치변경	chtc
복합도형	cb
복합연동	ce
복합해제	cx
연속직각	lcl

수정

양측수정	b
편측수정	k
중간수정	j
각수정	fil
2각수정	dfil
각결정	km
선수정	cl
길이조정	n
곡선회전	en
곡선길이	cln
같은 길이	sn
선 자르기	c

+단점이동

임의이동	e2
상방향	eu
하방향	ed
좌방향	el
우방향	er
연장이동	ee
간격확인	dsm

+축소확대

축소확대	ex
폭방향	exx
길이방향	exy
양측방향	exa
2점방향	ex2
회전	esr
복사회전	cesr

곡선수정

+곡선수정

임의수정	str
상방향	stu
하방향	std
좌방향	stl
우방향	strr

+유사처리

유사처리	sgc
2점유사	sg2
2점비율	ep2
유사이동	sr
복사이동	csr
S수정	s
SS수정	ss
SA수정	sa
고정길이수정	fss
점추가	pa
점삭제	pde
점정리	q
영역수정	rrc
직각화	slq(mq)
선수정자르기	rcr
암홀곡자	rh
HIP곡자	rh
곡선자	rm

이동

+이동

2점방향	mv
상방향	mvu
하방향	mvd
좌방향	mvl
우방향	mvr
이동회전	mvrt
임의이동	dm

+복사이동

2점방향	cmv
상방향	cmvu
하방향	cmvd
좌방향	cmvl
우방향	cmvr
이동회전	cmvrt
임의이동	cdm

회전

+회전

각도지정	rt
회전량	re
3점지정	rt3
접점회전	rtt
통과회전	rtp
임의회전	dr
끝점맞춤	rea

+복사회전

각도지정	rct
회전량	cre
3점지정	crt2
접점회전	crtt
통과회전	crtp
임의회전	cdr

+보정

수직보정	hv
수평보정	hh
보정	vy
복사보정	vvy
결선맞춤	zcy

반전

+반전

2점반전	mir
수직반전	vm
수평반전	hm
선반전	ml

+복사반전

2점반전	cmir
수직반전	cvm(cv)
수평반전	chm
선반전	cml

그룹

설정	sg
추가	ag
해제	rg
2점이동	mg
이동회전	mrg
임의이동	dmg
전undo	bga
지시undo	bg
undo초기화	

삭제

지정삭제	d
전체삭제	dela

패턴작성

테일러	teri
2장소매	sl2
벨트	ob
주머니	pk
동쪽내측형태	inof
내측평형	inu

복사

복사	cop
사이즈간	lcop

+수정전복사

복사	rf
복원	rb
전체확인	rfga
확인	rfg
삭제	rfd
색변경	rcol

표시

+GRID

삭제	gof
점표시	gds
점	gdf
선표시	gls
선	glf
크기	gs
원점변경	gog

+화면변경

1화면	1q
2화면	2q
3화면	3q
전체화면	full
미니화면	aq
임의화면	fr
삭제화면	wd
화면변경	sw
처리화면	wp
참조화면	wr
SIZE	size

영역

+영역이름

순서입력	gn
변경입력	gcn
수동영역	ps
자동영역	agr

+아이템

변경	ic
저장	isv
패턴이름	pan
소재이름	man

+영역설정

표시1	w1(wf)
표시2	w2(wb)
표시3	w3(ws)
영역저장	wm
영역보기	wl
화면표시	won
표시금지	wof
영역변경	psc

+영역삭제

전체	asd
지정	add

+외곽확인

전체	aaz
지정	saz

+외곽보라

전체	aap
지정	sap

+외곽흰색

전체	aaw
지정	saw

+외곽삭제

전체	aad
지정	sad
영역표시	son
패턴리스트	

속성

+색지정

파란색	blue
빨간색	red
보라색	purp
초록색	gree
하늘색	mizu
노란색	yell
흰색	whit

+색변경

파란색	cblu
빨간색	cred
보라색	cpur
초록색	cgre
하늘색	cmiz
노란색	cyel
흰색	cwhi

+선지정

실선	soli
점선	dash
1점파선	ds1
2점파선	ds2

+선변경

실선	csol
점선	cdas
1점파선	cds1
2점파선	cds2
특수선택	clf
특수번호	clfn
변경레이	clay

+CAM용

DRILL-1	
DRILL-2	

단점이동

초기화	p
자동영역	paa
수동영역	pam
영역삭제	pad
좌표변환	xyp
상대변화	pre
기점지시	pst
수평변화	phc
수직변화	pvc
표시OFF	poff
표시ON	pon

PAC

리스트실행	₩go(₩₩)
대화상자실행	₩dgo
새 파일	₩start
수정	₩test
복원	₩rev
영역초기	

+변수표시

DIGOFF	
DIGON	
피크ON	
피크OFF	
프린터	₩prt

+문자

표시ON	
표시OFF	

+대화상자

작성시작	dlg
작성종료	edlg
확인시작	₩dchk
확인종료	₩dend
종료	₩end

촌법선

수평촌법	hdi
수직촌법	vdi
2점촌법	2di
반경촌법	rdi
3점반경	3di

+빼내기

빼내기	cdi
빼내기참조	mdi
촌법선설정	sdi
강조선	mpl

도움말

매뉴얼	
커맨드	
AlphaLesson	

기타

임시저장	sv
sv열기	lsv
임시삭제	dsv
임시참조호출	rsv
undo를 뒤로	ub
ub를 앞으로	uf
작업순 취소	u
undo 설정	uc
현화면확대, 축소	scf
실제크기	real
전화면으로	v
추가사이즈	alay
입력사이즈	ilay
한 레이만 선택	slay
요소선택해제	r
SPEC 표	gtb
문자비표시	tf
문자표시	to
다방향 단점이동	oe
참조확인	bf
내측평행	v
패턴정보확인	rp1
너치의 형태화	rp2
너치설정변경	rp3
영역교차 내 이동	smv
전체화면표시	m00
계산기능	ca
다각형 영역내	F11

[시접확인표시]

시접선표시	ck1
합복상태표시	ck2
너치방향표시	ck3
표시 초기화	ck4(ck0)

[측정]

길이합과 차이	m-
교차점곡선거리	ns
점과점직선거리	ds
곡선자표시	mc
직선자표시	m
길이확인	l
선의 정보	ver

REFERENCE

곽연신, 김지영, 백운현(2008). 남성복 테일러링. 경춘사.

곽태기, 서완성(2008). 남성복 패턴의 기법. 경춘사.

금위수(2008). 남성복 패턴. 교학연구사.

나가자와 스스무 저, 나미향, 김정숙 역(1999). 의복과 체형. 예학사.

남윤자, 이형숙(2003). 남성복 패턴메이킹. 교학연구사.

라사라교육개발원(2001). 패션용어사전. 라사라패션정보.

박선경 외 4인(2013). 남성복 패턴디자인. 교문사.

박주희(2012). 패션 디자이너의 도식화. 교문사.

시마자키 류이치로(2006). 남성 셔츠. 문화출판국.

장은영(2011). 패턴 CAD. 교학연구사.

조극영(2014). 클래식 남성복 패턴. 책과 나무.

큐유나 하레루(2006). 멋있는 셔츠. 문화출판국.

헬렌 조셉 암스트롱 저, 김정숙, 김용숙, 류숙희 역(2011). 남성복 니트 여성복 아동복 패턴메이킹. 예학사.

Gareth Kershaw(2013). *Pattern cutting for menswear*. Laurence King Publishing.

Helen Joseph Armstrong(2009). *Patternmaking for fashion design*. 5/E. Prentice Hall.

Myoungok Kim, Injoo Kim(2014). *Patternmaking for menswear: classic to contemporary*. USA: NewYork. Bloomsbury.

Winifred Aldrich(2011). *Metric pattern cutting for menswear*. 5/E. UK: WILEY.

CD 자료

유스하이텍. 어패럴 CAD 시스템 슈퍼 알파 매뉴얼.

INDEX

AUTHOR INTRODUCTION

박선경 제로원 디자인센터 센터장 역임
　　　현재 국민대학교 조형대학 의상디자인학과 교수
　　　　　　환경디자인연구소 소장
　　　　　　한국패션디자인학회 회장
　　　　　　복식문화학회 부회장
　　　저서 남성복 패턴디자인(2013)
　　　　　　디지털 시대의 한국적인 패션디자인(2009)
　　　　　　패션 아트 드레이핑(2006)
　　　　　　디지털 패턴 시스템(2005)

김민정 **현재** 성균관대학교 예술대학 의상학과 겸임교수
　　　　　　세명대학교 패션디자인학과 겸임교수
　　　　　　GERIGO Pattern Designer Section Chief
　　　저서 남성복 패턴디자인(2013)

정병규 (주)LF 닥스 개발실 신사 및 신사캐주얼 부문 총괄수석

디자인 패턴 캐드
Pattern CAD for Apparel Design

2014년 8월 26일 초판 인쇄 | 2014년 9월 2일 초판 발행

지은이 박선경·김민정·정병규 | **펴낸이** 류제동 | **펴낸곳** (주)교문사

전무이사 양계성 | **편집부장** 모은영 | **책임진행** 손선일 | **디자인** 신나리 | **본문편집** 이연순 | **일러스트 어시스턴트** 이다예·김연홍·이주영·장유경·금유경
제작 김선형 | **홍보** 김미선 | **영업** 이진석·정용섭·송기윤 | **출력** 현대미디어 | **인쇄** 동화인쇄 | **제본** 한진제본

주소 413-756 경기도 파주시 교하읍 문발리 출판문화정보산업단지 536-2 | **전화** 031-955-6111(代) | **팩스** 031-955-0955
등록 1960. 10. 28. 제406-2006-000035호 | **홈페이지** www.kyomunsa.co.kr | **E-mail** webmaster@kyomunsa.co.kr

ISBN 978-89-363-1421-7(93590) | **값** 25,000원